▶ IP 创 新 赢 不 停

妙用专利

让生活不太难

SMART PATENT

better life

主　编 ◆ 郭　雯

副主编 ◆ 刘　彬

知识产权出版社

全国百佳图书出版单位

—北京—

图书在版编目（CIP）数据

妙用专利：让生活不太难/郭雯主编. —北京：知识产权出版社，2020.8
ISBN 978-7-5130-7166-6

Ⅰ.①妙… Ⅱ.①郭… Ⅲ.①专利—文集 Ⅳ.①G306-53

中国版本图书馆 CIP 数据核字（2020）第 174070 号

责任编辑：石陇辉　　　　　　　　责任校对：谷　洋
封面设计：曹　来　　　　　　　　责任印制：刘译文

妙用专利：让生活不太难

主　编　郭雯
副主编　刘彬

出版发行：知识产权出版社 有限责任公司	网　址：http://www.ipph.cn
社　　址：北京市海淀区气象路 50 号院	邮　编：100081
责编电话：010-82000860 转 8175	责编邮箱：shilonghui@cnipr.com
发行电话：010-82000860 转 8101/8102	发行传真：010-82000893/82005070/82000270
印　　刷：三河市国英印务有限公司	经　销：各大网上书店、新华书店及相关专业书店
开　　本：720mm×1000mm 1/16	印　张：11.25
版　　次：2020 年 8 月第 1 版	印　次：2020 年 8 月第 1 次印刷
字　　数：215 千字	定　价：69.00 元

ISBN 978-7-5130-7166-6

本书编委会

主　编：郭　雯

副主编：刘　彬

编　委：汪卫锋　张珍丽　林婧弘　刘　鹤
　　　　连书勇　刘子菡　吴　峥　贺　嘉

序

习近平总书记强调，"科学技术从来没有像今天这样深刻影响着国家前途命运，从来没有像今天这样深刻影响着人民生活福祉。"坚定创新自信，强化知识产权创造、保护、运用，不仅是加快建设科技强国、决胜全面建成小康社会、决战脱贫攻坚的必经路径，也是坚持人民至上、生命至上，实现人民美好生活需要的必然选择。

"IP 创新赢"公众号作为国家知识产权局专利局专利审查协作北京中心（以下简称审协北京中心）创设的致力于宣传倡导积极健康的知识产权文化的践行者，一直关注能够切实提高人民生活幸福感、满足感的知识产权创新创造。其中刊发的一些科技妙招源自于生活点滴，借助于专利技术，能够很好地解决人们生活中的小"难"题。特别是为了更好地应对突如其来的新冠肺炎疫情，响应2020 年全国知识产权宣传周活动主题"知识产权与健康中国"，落实国家知识产权局局长申长雨"通过知识产权更好促进健康中国建设，更加有力地支撑全民健康与全面小康"的要求，"IP 创新赢"在宣传周期间发布了"抗疫"系列文章，以专利人的视角多方面宣传科学防疫、助力疫情防控，并借助于"一图读懂"形式，普及宣传新冠肺炎防治专项专利分析报告，取得了良好的社会反响。

如今，"IP 创新赢"编辑部将这些优秀的文章集结成册：从微观来说，是固化智慧成果，拓展知识传播新途径；从宏观来说，是审协北京中心在知识产权保护日益强化的大背景下，持续参与社会经济发展和助力创新型国家建设的又一次努力。

希望"IP 创新赢"编辑部的同志不忘创办时确立的"分享 IP 技术，解读最 IN 科技"之初心，接续奋斗，优质组稿，更好地营造崇尚科技、尊重创新的社会文化氛围，为实现"两个一百年"奋斗目标做出更大贡献！

国家知识产权局专利局
专利审查协作北京中心主任　郭雯

前言

本书是"IP创新赢"公众号持续推出的第五本专利解读科技的文章合集。

"IP创新赢"是国家知识产权局专利局专利审查协作北京中心（以下简称审协北京中心）面向社会公众进行知识产权科普的窗口。近四年的时间里，"IP创新赢"始终秉承"分享IP技术，解读最IN科技"的理念，紧跟技术热点与社会时事，以幽默生动、图文并茂的方式传播知识产权知识，集分享社会时事与解读技术热点于一体，既能满足科技创新爱好人士的广泛需求，又利于在全社会范围内营造强化知识产权意识的氛围。

本书精选了过去一年社会反响较好的28篇专利技术解读文章，选题内容涉及生活好物、健康时尚、硬核科技及抗击新冠肺炎疫情的专利科普等多个方面，相信一定能引发大众共鸣。

本书作者均来自审协北京中心，他们多年从事知识产权工作，运用自身优秀的专业知识详细解读了生活中的"妙用专利"。在带领读者感受奇妙专利解决实际生活难题的同时，也对促进创意成果推广运用的问题进行了探讨，对专利的实施、转化等方面所蕴含的市场价值提出了自己独到的见解。

本书是"IP创新赢"公众号与知识产权出版社的第四次合作，对知识产权出版社一如既往的支持表示衷心的感谢。同时，也要感谢持续关注公众号的读者朋友、为本书顺利出版付出努力的作者以及关注转载支持我们文章的媒体。希望大家能够持续关注"IP创新赢"公众号，多提宝贵意见建议。"小赢"的成长与发展离不开您的支持！

本书编委会

目录

第四章　抗击疫情

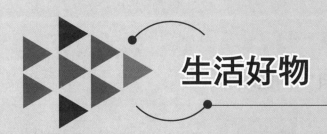

第一章

生活好物

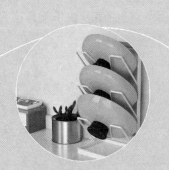

01   小猪佩奇家的车有多厉害?

小赢说:

很多年以前，人类梦想像鸟儿一样飞翔，然后就有了今天的飞机。小时候，我们都曾幻想拥有哆啦 A 梦的口袋，时至今日哆啦 A 梦口袋里的东西很多都实现了。如今，小赢感叹小猪佩奇家的车能上山下海、无限便利，相信不久的将来，高科技足以满足我们的各种幻想，让更多的梦想走向现实。

超"拉风"的跑车

几年前，火遍全球的动画片《小猪佩奇》同样也被中国的大小朋友所喜爱，动画片里可爱的人物、温馨的家庭等无不广受好评。像其他的艺术作品一样，动画片里的很多内容来源于生活但又高于生活。它承载着人们无限的想象力，寓教于乐，把梦想的种子扎根在观众的心里，等待萌芽。

图 1   佩奇家的小跑车①

这不，小赢最近被佩奇家里的车所吸引，梦想着拥有一辆同款。

先说说佩奇一家出门经常开的小跑车（见图 1）。天热敞着篷，天冷遮上篷。每次看到佩奇全家开车出门其乐融融的样子，小赢总是会发出同样的感慨：快乐就是这么简单。

---

① 图 1、图 3、图 6 来源: www.iqiyi.com。

这款车很多人一眼就能看出，原型车应该是大众公司的敞篷"甲壳虫"轿车。"甲壳虫"是大众公司车型中的经典款，在大众公司的系列车型里有着举足轻重的地位，实物是图2这样。

图2　"甲壳虫"轿车①

超实用的露营车

更厉害的是佩奇家的另外一部车，那是一辆露营车（很多人把这种车叫房车）。佩奇爸爸经常开着这辆车带着全家去露营。别看它外表和小面包车没什么区别，但里面的配置却不得了：佩奇一家开着它露宿山顶，爸爸按了一个按钮，"砰"的一下，一张双人床出现了（见图3）！又按了一下按钮，车顶升起，一个上下铺出现了，佩奇和乔治也有了睡觉的地方。简直太高级啦！

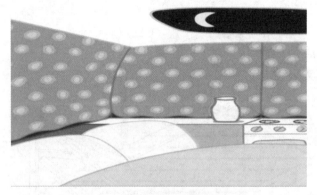

图3　露营车里的双人床

这样的车只存在于动画片里吗？这样的车只停留在想象中吗？这样的车在技术上能实现吗？小赢心里充满了期待，开始了检索之旅，希望能在专利文献里搜集到更多梦想汽车的踪迹。

车顶升起技术被找到！在专利 US10086684B1 记载的多功能房车中，车厢和车顶之间设有驱动和升降机构，需要的时候升起车顶，可以扩大车厢内部活动空间，不用的时候可以收起，减小风阻和行车噪声。看看说明书附图（见图4），是否和小猪佩奇家的露营车顶很像？

① 图2、图7、图8、图9、图11来源：www.baidu.com。

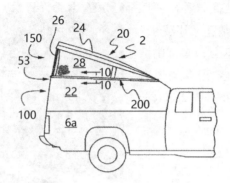

图 4 US1008668B1 的说明书附图

一键伸缩的折叠床在专利技术中就更加常见了，CN101934756A 便公开了和动画片中功能类似的用于露营车的折叠床（见图 5）。该床可以通过驱动电动机控制升降动力机构，使折叠床在收起和放下之间进行快速的状态切换，既能在汽车这么小的空间内最大限度地节省空间，又可以保证休息时足够舒适，没点技术含量还真是不行呢！

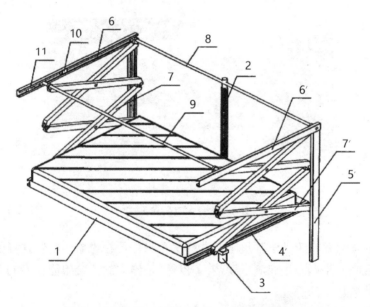

图 5 CN101934756A 的摘要附图

当看到佩奇一家在露营车里沐浴着满天星光进入梦乡的时候（见图 6），你是否会想到这辆车里也有专利技术呢？你是否会想到这辆车也有大众公司的同款呢（见图 7）？

图 6　月光下佩奇家的露营车　　　　　图 7　大众公司同款露营车

　　看了上面的分析，你一定会觉得佩奇家的车好厉害，对不对？然而，更厉害的还在后面！

会变身的露营车

　　佩奇一家愉快的露营结束了，准备找一条最近的路回家，导航仪告诉他们直行，可前面是一条河。见证奇迹的时刻来了，佩奇爸爸再次按动按钮，车尾部出现一个桨轮。露营车竟然变得和船一样在水中通行，一家人悠闲自得泛舟水上，欣赏起了湖光山色。遇到狗爷爷和小狗丹尼，还不忘打个招呼炫耀一下厉害的露营车。这难道就是传说中的水陆两栖？此时小赢想起了青岛曾经的旅游观光项目"冒险鸭"（见图 8）。热映电影《一出好戏》里，"冒险鸭"也成了剧情的推进器（见图 9）。

图 8　青岛曾经的旅游观光项目"冒险鸭"　　　图 9　"冒险鸭"下水

　　你知道吗？"冒险鸭"是有多项专利技术傍身的！其中 ZL201010264148.8 中便记载了"冒险鸭"的底盘采用客车底盘，底盘上的发动机不仅和车轮相连，还连接了一个螺旋桨（见图10）。其车身由船体材料制作，利用水陆两栖船的原理就制造出了这款车。想必佩奇家的露营车也一定搭载了类似的专利技术，才能在水中如履平地吧。

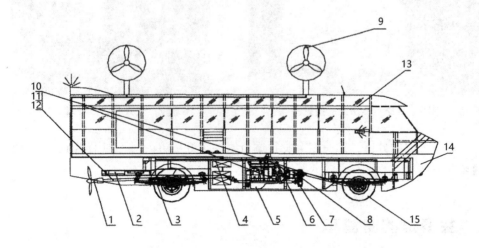

图10　ZL201010264148.8摘要附图

不知道《小猪佩奇》的制作团队在编排这一剧情的时候是否已经了解到了这项专利技术，看似脑洞大开，实则早已在水陆两栖汽车的领域得以应用。

拥有同款车指日可待

佩奇家的车上山下海无所不能，现实生活中水陆两栖汽车的创新也从没有停止。世界上有资料记载的第一辆水陆两栖车是由美国人 Oliver Evans 于 1805 年发明的（见图11）。为了能在水中行驶，Oliver Evans 在车上装了轴和桨轮，用发动机飞轮轴的皮带和皮带轮来驱动桨轮。当车入水后车尾的桨轮开始工作，然后车就可以在水面上行驶了。

图11　第一辆水陆两栖车

刚开始的时候，水陆两栖车只是简单改装。后来经过不断改造，奥地利军队制造了水陆两栖车应用于第一次世界大战，第二次世界大战中德军和美军都装备了大量的两栖车辆。但当时的技术有限，车身设计上存在很多缺点，在以后的使用中也未能取得满意的效果。

然而，科技创新的脚步从未停止，越来越多不同风格的水陆两栖车出现了，无论是动力系统还是操作系统，甚至外观都有了巨大的进步。两栖汽车也逐渐从军用领域走向民用领域。最近几年，两栖汽车甚至海陆空三栖汽车的发明创造不断涌现。相信伴随着人类不断探索的热情，有了各种专利技术的加持，拥有一辆佩奇同款汽车的梦想一定指日可待。

本文作者：
国家知识产权局专利局
专利审查协作北京中心初审部
边兆梅　荆杨轶

02　能学编程的魔杖

小嬴说:

　　看过"哈利·波特"系列电影的朋友都渴望有一个能够释放魔法的魔杖,体验一下魔法的奇妙。现实世界中,在美国的"哈利·波特魔法世界"乐园,有专门的设备让游览者亲身体验手握魔杖、释放出魔法的感觉。可是大洋彼岸太遥远了,让很多"哈迷"无法亲身体验。而市面上有一种魔杖,不仅可以实现在家体验多种魔法的梦想,还可以同时学会编程。

入选《时代周刊》2018 年最佳发明的魔杖

　　在"哈利·波特魔法世界"乐园中,可以在对角巷的魔杖店里见识各种各样的魔杖,还可以手握特定魔杖在体验区中激活各种魔法。总部位于伦敦的互动学习商品开发商 Kano(Kano computing Ltd.)与华纳兄弟公司合作推出了哈利·波特 Kano 可编程魔杖套件(Harry Potter Kano Coding Kit),该套件在 2018 年 10 月正式发售,"哈迷"们使用它就可以在家轻松创造属于自己的

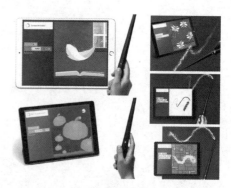

图 1　Kano 可编程魔杖套件魔法界面示例①

"魔法"。作为入选美国《时代周刊》评选的 2018 年最佳发明的产品,这只神奇的魔杖有哪些魔法(见图 1)?让羽毛飘起来的移动魔法、定住飞舞的小精灵的

---

　　① 图 1 来自 Kano 官网: https://kano.me/us/store/products/coding-wand。

定身魔法、变大南瓜的变形魔法、火焰魔法等，这些魔法让小赢想起好多魔法故事的经典镜头。

这些魔法到底是如何实现的呢？让我们先打开魔杖的包装盒，看看魔杖的结构（见图2、图3）。盒子里有魔杖的外壳、电路板和电池，结构简单，小朋友都可以自己亲自动手组装，适用年龄为6~99岁。

图2　Kano 可编程魔杖套件包装①

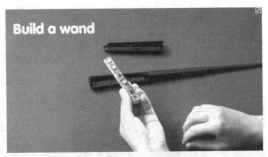

图3　Kano 可编程魔杖组装②

按照要求通电之后，魔杖可以通过蓝牙与 iPad、Android 平板、Windows 设备和 Mac 电脑连接，连接后魔杖可以和安装好的配套客户端 APP 之间传递信息。

魔杖的"魔法"来源

一旦设置好魔杖，就可以进入哈利·波特的魔法世界，开始挑战任务了。每一关都需要用编程来解锁任务，学会"魔法"的过程，也是进行可视化编程学习的过程。通过自己学习实现"魔法"的感觉是不是很棒呢？这款 Kano 可编程魔杖套件通过与用户互动（见图4），使得用户逐渐掌握编程学习技巧。

图4　Kano 可编程魔杖界面③

---

①　图2来自 https://www.sohu.com/a/243843523_118792。

②　图3来自 Kano 官网：https://kano.me/us/store/products/coding-wand。

③　图4来自 Kano 官网：https://kano.me/us/store/products/coding-wand。

究其原理，原来魔杖在内部设置了陀螺仪、加速度计、磁力仪，这些传感器能够识别出魔杖的位置、运动速度与加速度，从而正确地跟踪玩家挥动魔杖的各种动作，魔杖本身和配套的客户端 APP 能根据动作做出相应的反应：魔杖根据不同的动作控制自身做出反应，而客户端上可以根据不同动作显示出不同的"魔法"动画。这样我们挥动手中的魔杖就能见证"魔法"了。

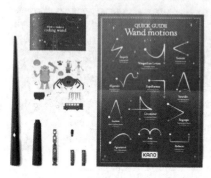

图 5　Kano 魔杖快速向导的说明①

客户端 APP 采用了基于模块化的可视化编程软件，这是编程教育中广泛使用的编程形式。在界面上显示了代表各个软件模块的彩色矩形块，用户通过拖动不同矩形块进行拼接组合，就可以对魔杖进行编程。编写的程序能够设置挥棒动作对应的各种"魔法"特效，制作药水、演奏音乐等，甚至能够控制魔杖的振动和魔杖上小 LED 灯的闪烁和颜色。而且，各个矩形块除了用手指拖动，还能挥动魔杖来使其移动，用魔杖同样能够实现编程过程。这些编程所用的程序模块的源代码都可以显示在客户端 APP 中，供用户学习。

看一眼快速向导的说明（见图 5），上面有多种产生魔法的挥棒动作。你想要什么样的魔法呢？自己创造一个吧。

形形色色的魔杖

Kano 公司于 2013 年成立，以为儿童提供 DIY 编程工具包而闻名。小赢没有发现以该公司名义申请的专利，不过在专利库中发现早就出现了多种可以交互的有趣魔杖，让我们也了解一下吧。

MG 游戏公司的系列专利之一"魔杖与互动游戏体验"（US7445550B2，见图 6），提到一种可以通过识别魔杖输出的红外线或激光投影点的位置，来控制屏幕上图像移动的家庭娱乐系统；这个魔杖通过魔杖上的传感器感知魔杖的特定运动，从而激活魔杖输出光线。魔杖还可以携带射频识别标签和无线模块，根据不同的动作发出不同频率的信号，从而代表不同的命令以激活不同的效果。不同的魔杖动作的组合也可以用来发送"咒语"，可以有多种外设接收魔杖的信号，从而配合魔杖完成一些有趣的"魔法"。该专利申请人以该方案为基础申请了一系列的专利。

---

① 图 5 来自 https://www.amazon.cn/dp/B07C7X8LG9。

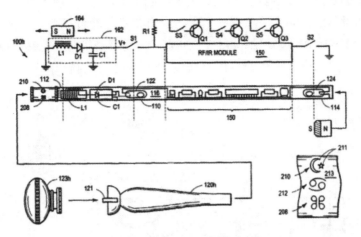

图 6　US7445550B2 说明书附图

美国的 Cepai 公司公开的一件专利申请"玩具互动娱乐设备"（US2018/0214788 A1，见图 7）中，提到了一种自身带有显示屏幕的魔杖，同样能够感测魔杖的动作，然后根据魔杖的运动在魔杖上显示出不同的魔法图案来，图案可以是动态的，看起来就像魔法被魔杖发射出去一样。魔杖还可以包括光敏元件或传感器和麦克风，可以感受外部光线，用户可以使用语音命令来控制魔杖；魔杖上显示的图案还可以跟随"听到"的音乐一起跳舞。魔杖还设置有扬声器，可以根据不同情况发出声音，甚至可以发出语音，如"我不想被倒置""电池不足"等。并且魔杖中执行的指令也可以通过接口程序来更新。

图 7　US2018/0214788 A1 说明书附图

英特尔公司 2018 年获得授权的一件专利"魔杖方法、装置和系统"（US9888090B2，见图 8）中，魔杖除了具备传感器检测自身运动以外，还可以配置心率检测装置、指纹或手印扫描装置、眼睛扫描装置、肌电描记装置、脑电描记装置等多种传感器，这些装置检测到的生物信息都可以用于生成魔杖的"咒语"。相机、投影仪也可以配置在魔杖上，用于检测目标并且投射图像。当然，用户说出的"咒语"也可用来控制魔杖发出的"魔法"。其中还提到魔杖生成的"咒语"对应的信息可以发送给电脑设备，电脑根据接收的数据来控制多个外围设备产生反馈动作，可以用于游戏，还可以用于控制家居设备。比如挥一挥魔杖，房间的窗户、门就可以打开，锁可以锁上，甚至可以用魔杖动作精确控制窗户打开的幅度，是不是很有趣？只要设置对应的控制电路，家里的全部设备都可以被魔杖的"魔法"控制，仿佛真正处于魔法世界一样。

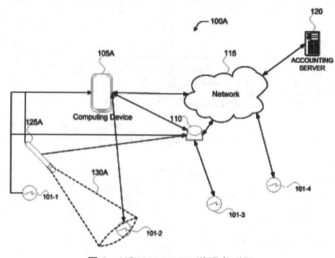

图 8　US9888090B2 说明书附图

从魔杖到创新

看了这些功能强大的魔杖，发现"魔法世界"的魔杖完全可以成为现实世界中学习、生活和娱乐的好帮手。以上魔杖功能的实现，本质都是基于现有的各种常见模块的组合，但是一根小小的魔杖在各种创意的加持下，甚至可以实现很多魔幻电影中都没有见过的功能，变得功能更加"强大"，难怪人们总说创意改变生活。其实生活中很多新兴的产品，都是创意灵光乍现的产物，一旦将其实现，有可能会创造巨大的经济价值。而且我们不仅要善于创新、敢于创新，还要学会通过专利等形式保护自己的创意、保护其可能存在的价值。现代科技不断发展，很多产品的实现不再存在技术上的困难，更多的是好创意的实现。创新将是现代社会的主要竞争力。

本文作者：
国家知识产权局专利局
专利审查协作北京中心通信部
胡雅琴

03 一个"万能"盖子的前世今生

小赢说：

　　相信各位辛勤的美食家们在厨房进行劳作时都遇到过这样的问题：好不容易用锅煮上了美味的食物，却因一时没找到锅盖而发愁。今天小赢就带大家来了解一款解决此类常见问题的厨房必备"神器"。

引言

　　一口锅和一个锅盖被同时放进了厨房，主人点着火烧上水。主人走了之后，锅自傲地说："我结实厚道，不管是煎炒烹炸还是蒸煮都难不倒我。你看，现在烧着的水在我肚子里滚来滚去也不会跑出来！锅盖，你能做什么？主人把你买回来，真不是明智之举。"锅说完卖力地滚动着肚子里的热水。还没等锅盖说话，主人来瞧了一眼，拿起锅盖盖住了锅，锅的气焰一下没了。

　　意识到锅盖的重要性了吧！但是，热爱美食的"煮夫们"制作美食时有没有被大大小小的容器盖子而搞烦，有没有因为找不到合适的盖子而迁怒菜刀，有没有将小盖子放到大锅里在炖汤的同时煮盖子？小赢今天就是为解决这种厨房乱象而来的。

锅盖收集利器

　　某宝上的锅盖架可谓形状各异（见图1），目的是将各种锅盖在不用的时候由大到小码好。小赢经过检索，发现这种解决厨房杂乱问题的构思早在1911年就

图1　市面在售的锅盖架①

---

　　① 图1来自：https://detail.tmall.com/item.htm?spm=a230r.1.999.99.1f4a523cN7cfIx&id=617476819262&ns=1

在美国申请了专利并于 1913 年被授予专利权 US1065000A（见图 2）。此后，类似的发明不断出现，构思基本相同。例如，图 3 为 US5207334A 的创意，图 4 为 US5660284A 的创意。

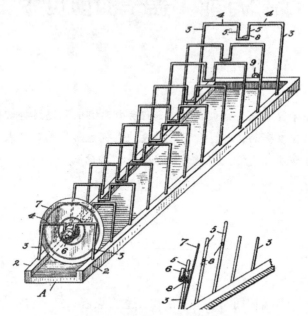

图 2　US1065000A 说明书附图

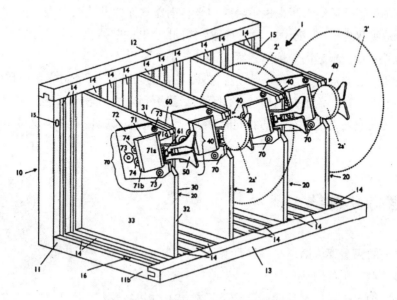

图 3　US5207334A 说明书附图

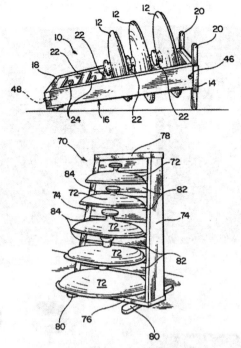

图 4　US5660284A 说明书附图

一百多年前的专利产品经过不断的改进，现在还在畅销，可见这种锅盖架确实解决了"煮夫们"厨房杂乱的问题，提高了"煮夫们"的做饭体验。但这种"一个萝卜一个坑"的解决方案并不能解决节省空间的问题。

"万能"盖子的发展

经过人们的不懈努力，脑洞大开的产品走进厨房，一款神奇的保鲜盖（见图5）应运而生。

该类产品的特点是：弹性强，吸附力大，密封防漏（见图6）；适合各种大小和材质的碗碟餐具，弹性好，伸缩性强，能拉长至原产品2倍大小，一盖多用（见图7）；可塑性强，不仅适用于圆形，还适用于矩形等形状的餐具（见图8）；耐温范围广（−40~230℃），

图 5　保鲜盖①

① 图5、图6来自：https://detail.tmall.com/item.htm?spm = a230r.1.999.35.4d24523cNeKuh0&id = 615371840179&ns = 1。

可冷藏、可微波、可开水消毒（见图9）。是不是很神奇，有没有来几套的冲动？

图6　保鲜盖特点1

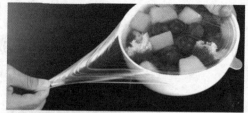

图7　保鲜盖特点2①

图8　保鲜盖特点3②

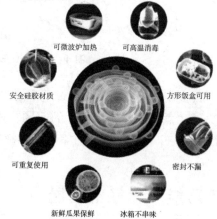

图9　保鲜盖特点4③

　　具有该创意的产品也是申请了专利的，如ZL200520133094.6（见图10），及ZL200520141879.8（见图11），产品构思基本相同，其基本结构包括平底以及环形壁，环形壁上具有一圈圈的密封条以及边缘便于手拉的凸缘。

---

　　①　图7来自：https://item.taobao.com/item.htm? spm = a230r.1.999.7.1b75523co2YRfU&id = 583936149738&ns = 1#detail。

　　②　图8来自：https://item.taobao.com/item.htm? spm = a230r.1.999.98.4d24523cNeKuh0&id = 601570877321&ns = 1#detail。

　　③　图9来自：https://detail.tmall.com/item.htm? spm = a230r.1.999.41.3121523c69X4wH&id = 573416848264&ns = 1。

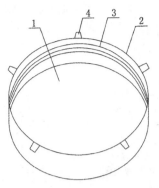

图 10 ZL200520133094.6 说明书附图

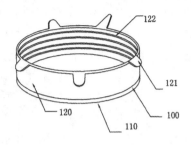

图 11 ZL200520141879.8 说明书附图

小赢知道你们心里怎么想的：这种盖子只能保住新鲜、锁定美味，滚烫的锅如何解决呢？别急，往下看。

该产品通过多个密封凸缘实现一盖多用，其中间为透明玻璃和把手，透明玻璃使"煮夫们"能够清楚掌握锅内情况，周围是包括密封凸缘的不锈钢，为玻璃和不锈钢材料的巧妙结合，适合直径为 7~12 英寸的锅碗瓢盆，且耐高温，也能用于洗碗机（见图 12）。"煮夫们"不会再有储存一堆盖子的烦恼，不会为了找到一个合适的盖子而翻箱倒柜地在厨房团团转。

还有把手偏心的改进款（见图 13），该偏心把手避免了盖子与直径较小的容器把手的干涉，更便于使用者抓握。

图 12 保鲜盖特点 5①

图 13 偏心把手保鲜盖②

---

① 图 12 来自：https://www.amazon.cn/dp/B075DFGX2G/ref=sr_1_1?__mk_zh_CN=%E4%BA%9A%E9%A9%AC%E9%80%8A%E7%BD%91%E7%AB%99&keywords=%E4%BC%98%E9%9B%85%E4%B8%8D%E9%94%88%E9%92%A2%E5%92%8C%E7%8E%BB%E7%92%83%E9%80%9A%E7%94%A8%E7%9B%96%E5%AD%90&qid=1591540324&sr=8-1。

② 图 13 来自：https://www.amazon.cn/dp/B07CV4FY9T/ref=sr_1_50?__mk_zh_CN=%E4%BA%9A%E9%A9%AC%E9%80%8A%E7%BD%91%E7%AB%99&keywords=%E9%94%85%E7%9B%96&qid=1591540115&sr=8-50。

每个新产品的面世都蕴含着创新者的功劳，其中的专利技术如图 14 ~ 16 所示。

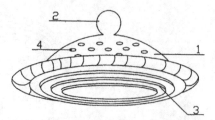

图 14　ZL200820013908.6 说明书附图

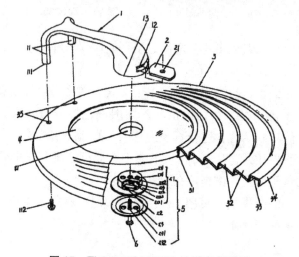

图 15　ZL200920178850.5 说明书附图

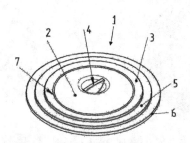

图 16　EP2006211A2 说明书附图

最近被媒体广泛宣传的《时代周刊》2018 年最佳发明之一的适合大部分容器的盖子也是源于类似的构思。这款由 made in 厨具公司设计的"万能"盖子适合不同尺寸的容器，其主体由具有一定硬度的不锈钢和食品级硅胶涂层构成，在其底面有三个同心的圆形凸缘以在加热和蒸煮时起密封作用。厚厚的不锈钢避免盖子变形，硅胶涂层便于使用者抓握和保护使用者的安全，也避免了噪声的烦恼。偏置的把手使得盖子整体保持平衡，要将盖子置于正确位置，只要盖子的把手与锅的把手处于同一直线上即可，简直是形状和功能的巧妙结合（见图 17）。该盖子可用于汤锅、蒸锅以及炒锅等各种形式的锅，可以用于洗碗机且耐高温，即使在 350℃的微波炉中也可放心使用。其薄薄的尺寸便于储存。

图 17　"万能"锅盖①

该公司的合伙人之一 Jake Kalick 介绍说："我们曾经采访了数百个家庭主妇，详细了解了她们的迫切需求。我们的目的是满足所有技术水平和经济水平的厨师的需求，提高厨房的综合体验感觉是我们的终极目标。"该款盖子在 www. madeincookware.com 网站的售价为 49 美元。东西是不错，看着有点像艺术品，可就是有点贵！

结语

盖子的结构虽简单，但蕴含的创新原理并不简单。通过人们对盖子一百多年孜孜不倦的改进可以发现，每一步的创新都是基于需求的驱动。生活的需求以及人们对美好生活的向往推动着新生事物的研发和改进，也推动着社会的不断进步，而每一步的创新和改进都具有相应的专利申请对创新者进行保护，体现了专利技术对创新成果的重要作用。

创新无止境！小赢期待不用锅盖也能煮饭的高级厨具的出现。那时候，"煮夫们"就更省心了。

本文作者：
国家知识产权局专利局
专利审查协作北京中心机械部
路志芳

① 图 17 来自：www.madeincookware.com。

04　早教玩具的知识产权怎样保护？

小赢说：

订阅盒子是时下流行的购物方式之一。人们通过向商家订阅自己喜欢的商品类型，由商家进行挑选，将这类商品以盒装的形式定期分批寄送至买家手中。能伴随婴儿成长的玩具就是采用了这种购物方式的早教盒子，它能帮助你轻松解决初生婴儿的早期教育难题。

早教盒子是什么？

早教盒子集合了多个学科的专家学者的智慧，提供了一种全新的学习玩具和儿童早期教育的途径。订阅一款早教盒子，你就能在宝宝发展的各个阶段得到正确的育儿指导，让你对为自己的宝宝提供人生最好的开始信心满满！

小赢今天给大家带来了一款专门针对婴儿发展设计的早教盒子——Play Kits（见图 1），它是精心制作的一系列经典蒙台梭利玩具，包括木块、堆叠环、毡球、高对比度卡片和书本等。婴童发展专家根据婴儿大脑发育的不同时期的特点，将它设计为六个不同系列的订阅盒子，同时经过当地家庭的试用体验，是一款真正吸引婴儿、满足婴儿各个成长阶段不同需要的产品。

图 1　Play Kits 宣传图片①

---

① 图 1~图 14 来自 Lovevery 官网：lovevery.com。

早教盒子怎么玩

先来看看六个不同系列的内涵（见图 2）。

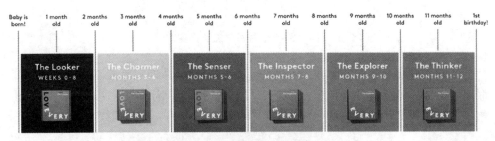

图 2　Play kids 六个不同系列

1. 0~8 周

这一系列包括带可拆卸球的硅胶摇铃、卡包、黑白卡片、手套、木质书和安抚毯子（见图 3）。

图 3　0~8 周月龄盒子内容

新生儿的视觉发育不完全，轮廓鲜明、对比强烈的黑白卡片和木质书可以为宝宝提供良好的视觉刺激。摇铃适合宝宝抓握和学习如何追踪移动物体和声音，卡包让宝宝趴着玩时更加有趣。黑白连指手套能够促进手的控制以及身体认知。安抚毯子给宝宝创造一个平静的空间，就像还在妈妈的子宫里一样温暖。

2. 3~4 个月

这一系列包括木质摇铃、滚动钟、软书、镜面卡片、黑白卡片、皱褶袋、环、大米塑料环皱褶出牙嚼器、拉链袋、圆盘、带框镜子。

相比于宝宝的视觉发育，这一阶段宝宝的听力发育得已经非常好了，木质摇铃、滚动钟、皱褶袋在玩时能发出有趣的声响，让宝宝有愉悦反应并促进其听觉发展（见图4）。

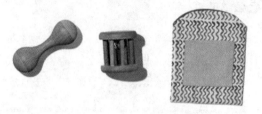

图4　3~4个月月龄盒子内容1

黑白卡片仍是这一阶段宝宝喜爱的，触觉书能够帮助宝宝建立视觉和感觉的联系；另外，这一阶段宝宝爱上照镜子了，镜子具有帮助婴儿发现自我的功能。镜子里那张可爱的脸是谁呢（见图5)？

图5　3~4个月月龄盒子内容2

各种不同的牙胶类玩具帮助宝宝口腔发育，为宝宝的语言发展和接受不同食物做准备；拉链袋、圆盘锻炼宝宝精细动作和探索能力（见图6）。

图6　3~4个月月龄盒子内容3

3. 5~6个月

这一系列包括魔法盒、魔法巾、蒙台梭利球、书、袜子、摆动体、勺子、围兜（见图7）。

图7 5~6个月月龄盒子内容

魔法巾从魔法盒中来来回回地抽出来、放进去，宝宝在游戏过程中慢慢建立客体永久性意识；蒙台梭利球、摆动体和袜子让宝宝在抓取中锻炼了敏锐性和协调能力，以及腿部等肌肉力量，为将来的爬行和走路奠定好核心力量的基础；还记得前一阶段宝宝爱照镜子了吗，现在你可以教会他身体的各个部位啦，宝宝就这样一天天积累起词汇量！勺子和围兜也准备起来，宝宝接下去要添加辅食了！

4. 7~8月

这一系列包括落球盒子、木质球系列、毛毡球系列、书、堆叠雨滴杯、拼图、篮子、拉链袋、水杯。

这系列中为宝宝准备了更多的不同材质的球，还有一个可以装球的抽屉盒子（见图8），宝宝在研究如何把球放进盒子里，再想办法从抽屉里取出来，这个过程中宝宝锻炼了精细动作，以及宝宝们慢慢了解到，球尽管不在眼前，但是它没有消失，而是在盒子里呢！

图8 7~8个月月龄盒子内容1

有了内容更丰富的书本（见图9），教会宝宝更多日常生活中的手势、物体的名称，宝宝虽然还不会说话，但是他会享受你跟他谈话的！

图9 7~8个月月龄盒子内容2

还有宝宝的第一个拼图，可以堆叠，还可以当洗澡玩具的一套杯子。还有了一个真正的杯子，和可以装很多球的拉链袋和篮子（见图10）！

图10　7~8个月月龄盒子内容3

5. 9~10个月

这一系列包括积木、带有堆叠环和球的透明管、蒙台梭利蛋杯、不同形状的沙包、拉链袋、小抓罐、书、躲猫猫毯子（见图11）。

图11　9~10个月月龄盒子内容

这一阶段宝宝感知能力更强，这一系列玩具更多地帮助宝宝了解因果关系，学习空间数量、大小和其他更多知识，也锻炼了他们的思维。

6. 11~12个月

这一系列包括娃娃、顶部可以滑动的盒子、书、指尖抓握块、钱包、消费卡、木质硬币、球、涂鸦卡（见图12）。

这次的球非常特别，两个看起来外观一模一样的球，实际上一个轻一个重。宝宝们该非常好奇吧！

怎么样，是不是很亮眼？这些色彩鲜艳、形式多样的玩具，小赢看了都好喜欢。

图 12   11~12 个月月龄盒子内容

可能你要问了，这些产品我都见过啊，可我还是不知道怎么跟孩子互动。不用担心，每个系列都包含一本游戏指南（见图 13），里面介绍了该系列中各个玩具的玩法，还给出了其他当前阶段父母可以和他们的宝宝一起参与的活动创意。作为新手父母，当你觉得与宝宝玩耍无所适从、有点枯燥时，这本指南就像是宝宝的使用说明一样，会为你打开一个全新的世界，让你去了解宝宝正处在一个什么样的阶段，以及他本来的样子。

图 13   供配套使用的游戏指南

关于你所担心的质量安全性，作为面向 0~12 个月婴儿的一款产品，它所采用的材质是有机棉、FSC 认证木材和纸张、食品级硅树脂以及 100% 婴儿安全材料。

早教盒子的可专利性

小赢发现，跟 Play Kits 里面包含的玩具类似的专利有不少（见图 14）。但是，小赢是没有检索到 Lovevery 公司关于 Play Kits 的专利文献。

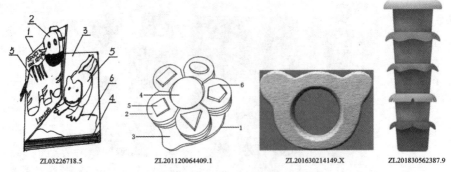

ZL03226718.5   ZL201120064409.1   ZL201630214149.X   ZL201830562387.9

图 14   类似专利技术

小赢思考了这其中的缘由：

一是 Play Kits 以及大部分的订阅盒子中的产品采购的是国际知名品牌，一些玩具制造商也是通过专利授权的方式来生产玩具，Lovevery 公司本身并不发明玩具；

二是经典的蒙台梭利系列玩具已经是公知公用的技术；

三是玩具盒子更偏向于一种订阅式电商销售模式，其中最有价值的就是针对"0~12 个月宝宝"这个特定对象成长不同阶段的需要，量身定制玩具和提供早教方案。首先不是所有的创意都可以申请专利，专利需要满足新颖性、创造性和实用性。其次，目前在我国，单纯的经营模式属于智力活动的规则和方法，不属于可授予专利权的客体，不能被授予专利权；如果将经营模式与"技术"相结合，而这项技术不属于公知技术，那么不排除其获得专利权的可能性。然而将商业模式作为一个整体进行保护仍有很多具有争议的领域，企业主要是通过著作权、商标、专利、商业秘密、反不正当竞争等对其商业模式进行零散的保护。

最后，小赢想说，随着我国社会科学、人文科学的发展，早教的理念逐渐被人们熟悉，早教也越来越受到家庭的重视，国内也涌现出了多种形式的早教盒子品牌。对于其中自主创新的部分，企业需要加强知识产权保护意识，通过版权登记、商标注册以及专利申请等多种途径来获得知识产权保护。小赢期待更多具备创意、用心、专业和质量的产品，来为宝宝的健康成长保驾护航！

本文作者：
国家知识产权局专利局
专利审查协作北京中心机械部
李静

05　让虚拟照进现实的游戏机

小赢说：

　　超级马里奥、精灵宝可梦、塞尔达……这些伴随 80 后、90 后成长的游戏，是我们童年记忆中不可磨灭的一部分，成为传世的经典，他们有一个共同的名字——任天堂。其中，Nintendo Labo 的全新游戏体验引起了小赢的强烈兴趣，让我们来一探究竟吧。

引言

　　说到任天堂，就不得不追溯到 1983 年。那一年，任天堂发行了第一代家用游戏机——红白机 Family Computer（简称 FC 或 FAMICOM）。据统计，自 1983 年推出到 2003 年停产，全球出货 6291 万台，奠定了近代电子游戏产业的基石（在此允许小赢向经典致敬）。

　　2017 年 3 月，任天堂发布了 Nintendo Switch（见图 1），主机采用家用机/掌机一体化设计，被《时代周刊》评为 2018 年最佳发明之一。为什么要提起任天堂发售的这一巅峰之作？一来是因为小赢对 Switch 游戏《塞尔达传说：旷野之息》有着无限的热爱，二来

图 1　Switch①

则是因为我们今天要介绍的 Nintendo Labo 实际上是以 Switch 为基础设计的。

---

　　① 图片来源：Nintendo 官方网站 www.nintendo.com。

Nintendo Labo 介绍

如果你不想手里拿着 Joy-Con（Switch 的手柄）呆呆地坐在屏幕前，抑或是手里端着 Switch 主机做一个低头族，那么你可以选择尝试 Labo 的全新游戏体验方式。在 Labo 的世界里，你首先要组装各种形态各异的瓦楞纸，将其拼成钢琴、钓鱼竿、摩托车、小房子、机器人等形态，将 Switch 插到纸壳中相应的位置，从而真实模拟弹钢琴、钓鱼、开车、变身机器人等场景。目前该产品共有两个版本（见图 2），分别是含有五个游戏的 Variety Kit（售价 6980 日元），以及机器人模拟 Robot Kit（售价 7980 日元）。

图 2　Labo 套装①

那么 Labo 的原理是什么呢？它究竟是如何将玩家的每一个"小动作"通过瓦楞纸发送到 Switch 主机中的？如果你认为在每个瓦楞纸内部蕴含着形形色色的电路，那么真相可能会让你大吃一惊。

让我们从任天堂的专利（JP6329210B2）中一探究竟。如图 3、4 所示，首先玩家需要将瓦楞纸组装成像背包一样的壳体 200，并将绳子 204 的端部连接到玩家的两条腿、两条手臂和头部，将右侧控制器 4（也就是 Switch 右侧的手柄）插入到壳体 200 上的承载部 202 内。当玩家做出动作时，相应的绳子被拉动，进而通过右侧控制器 4 将玩家的动作反映到屏幕中的机器人身上，实现了现实与虚拟的完美结合。

---

① 图片来源：Nintendo 日本官方网站 www.nintendo.co.jp/labo/。

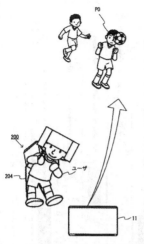

图 3　JP6329210B2 说明书附图 1

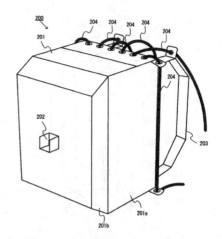

图 4　JP6329210B2 说明书附图 2

那么你可能有疑问，右侧控制器 4 是如何将玩家的动作反映到屏幕中的机器人身上的呢？右侧控制器 4 具有惯性传感器，能够预估玩家的动作。比如，当玩家做出向右下降的动作时，屏幕里的机器人也在虚拟空间中做出向右下降的动作。此外，右侧控制器 4 上还设有红外图像拍摄部分 123（见图 5），当绳子 204 被拉动或松开时，其连接的图像捕获目标部件 205 能够在滑动部分 206 中上下移动（见图 6），红外图像拍摄部分 123 能够捕捉滑动部分 206 的图像，将该图像通过一系列算法转换成位置数据，即准确地捕捉了玩家的动作。Labo 是不是很神奇呢？

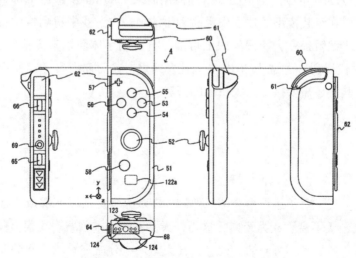

图 5　JP6329210B2 说明书附图 3

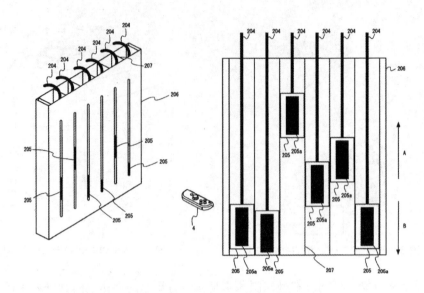

图6　JP6329210B2 说明书附图4

　　然而，Labo 的魅力不仅在于它能将现实和虚拟巧妙地结合在一起，在 Labo 里还有 Discover 板块，能对游戏进一步编辑，挖掘更多隐藏功能。看看玩家是怎么说的："Studio 版本的玩具钢琴，配合一张打孔版，可调的音阶会变成四十多个，还可以打碟、混音，靠 Labo 当上 DJ 也完全没问题""无限的可能都在等玩家开发，玩家也是 Labo 的作者，这才是这个游戏真正感人的地方"。

　　可以说，Labo 可以满足不同人群的使用需求，从 Make 到 Play 再到 Discover，普通玩家可以在组装模型的过程中提高动手能力，在游戏中得到快乐；而进阶玩家可以进一步编辑程序，挖掘无限的可能，自己动手体验别人无法尝试的快乐。Labo 被《时代周刊》评选为 2018 年最佳发明之一是毋庸置疑的，然而对于其真正的游戏体验，还需要接受广大玩家的考验。

展望

　　超级马里奥、塞尔达等为全球所熟知的游戏人物之所以能够成为任天堂的专属 IP，而且经久不衰、成为经典，这与任天堂不断追求创新、在很多国家都进行大量的专利布局是密不可分的。此外，任天堂还十分注重游戏之间的联动，比如在《塞尔达传说：旷野之息》中出现了与《异度之刃》的联动，总能使玩家收获出其不意的小惊喜，也让任天堂的各个 IP 一直保持活力。而且任天堂的第一方游戏一般都不会出官方 PC 端。比如，为了玩《塞尔达传说：旷野之息》而购买一台 Nintendo Switch，然后大概率会买更多的 Switch 游戏。可见任天堂注重的是平台竞争力，只有拥有自己的主机、自己的 IP 才能真正掌握渠道，带来巨大的商业效益。

2020 年的新型冠状病毒疫情和任天堂发行的游戏《动物森友会》使得任天堂主机的销量再创新高。而且随着腾讯代理国行 Switch，任天堂在中国可能更加风靡，我们拭目以待。

本文作者：
国家知识产权局专利局
专利审查协作北京中心机械部
杨硕

06 无障碍控制器：将游戏带给每个玩家

小赢说：

如今电子游戏的玩法变得越来越复杂，游戏手柄上的按键也是越来越多，"劝退"了不少游戏爱好者。这不禁让小赢想到：能不能设计一款操作更简单的手柄，使更多人容易上手，甚至是让残疾人特别是手部有残疾的人也能体验电子游戏的乐趣呢？

微软公司作为世界上最大的几家游戏设备制造公司之一，其一举一动都影响着电子游戏业的发展。2018 年 5 月，微软公司发布了一款可与其 Xbox 游戏主机连接的硬件设备：Xbox 无障碍控制器（Xbox Adaptive Controller），它入选了《时代周刊》评选的 2018 年最佳发明。这款控制器外表看上去似乎只是一个平板设备（见图 1），那么它到底有何特殊之处呢？

图 1　Xbox 无障碍控制器

外观功能展示

目前主流游戏手柄的形状和按键布置基本一致（见图 2）。众多按键和摇杆布置紧密，在游戏时玩家可能需要左右手配合同时按下多个键并旋转摇杆，这些操作对于手部健全的小赢来说都有一定难度，对于那些无法触及所有肩键或无法长时间握持手柄的玩家来说更是十分不友好。

任天堂公司 Switch 手柄　　　索尼公司 PS4 手柄　　　　微软公司 Xbox 手柄

图 2　主流游戏手柄的外观

微软公司设计的这款 Xbox 无障碍控制器在一定程度上解决了上述问题。如图 3 所示，控制器整体上是一个具有倾斜度的平板设备，控制器的正面有一个十字方向键、两个巨大的圆形按键以及一些功能键，背面则设置了对应普通手柄每个按键或摇杆的设备连接插口（见图 4）。

图 3　无障碍控制器的正面展示

图 4　无障碍控制器的辅助设备接口

不同于普通手柄利于握持的形状，平板形状的设计使得该控制器能稳定放置，解决了部分玩家无法长时间握持手柄的困扰，同时也利于将其固定到轮椅或病床上。平板向前倾斜也更加方便了玩家的操作（见图 5）。

普通手柄上的按键又小又密集，手部有缺陷的玩家在游戏时非常容易误碰到不相关的键，极大地影响了游戏体验。无障碍控制器上的两个圆形按键设计得如此之大正是为了解决这个问题。针对不同的游戏，玩家可以将这两个圆形按键通过软件映射到任意按键上，比如设置为最常用的键或触及困难的肩键等。

图 5　使用无障碍控制器的玩家与家人共同游玩

除此之外，玩家还可以根据需要自由组合外置的辅助设备（见图6），将按钮、摇杆、踏板等控制设备连接到无障碍控制器对应按键的插口上。例如，将外置摇杆连接到方向键对应的插口上以控制方向，或将踏板和按钮连接到肩键对应的插口上以实现头部、脚部、肘部或身体其他部位的协同操作。此时的无障碍控制器就相当于一个扩展坞，将对其他外置控制器的操作转化为 Xbox 主机可以识别的控制信号，玩家通过操控若干个辅助控制器即可获得与普通手柄一样的操作能力。

图6 无障碍控制器及多样的辅助设备①

通过外置设备可以实现多个玩家配合游戏。例如，一个人控制方向键对应的设备完成游戏人物的行走动作，另一个人控制其他按键对应的设备完成击打、射击等互动动作。由于身体原因，有些玩家可能无法一个人控制那么多按键，但在他人的配合下，一样也可以畅快地游玩，享受共同游戏带来的成就感。

相关专利介绍

当然 Xbox 无障碍控制器也并非针对残疾人玩家的唯一解决方案。小赢在经过检索后还发现了以下几个可供残疾人士使用的游戏控制器的专利。

任天堂公司 2007 年申请了一种游戏控制器的专利（JP5427965B2，见图7）。玩家站在踏板上进行相应的动作，踏板四个角上的传感器根据检测到的四个压力负载值的差异来综合判断玩家的状态，从而发出相应的控制信号，即仅通过人脚部的动作就可实现多个控制操作。这不禁让小赢想到了电玩城中的跳舞机，它们的设计思路十分相近，该游戏控制器特别适用于手部有残疾的玩家。

---

① 图1、图3~6来自微软 Xbox 官网：www.xbox.com。

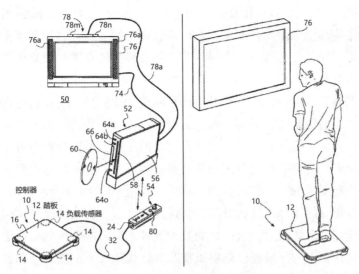

图 7　JP5427965B2 说明书附图

微软公司 2018 年还申请了一种"盲文手柄"的专利（US10384137B2，见图 8），在普通手柄的背部增加了可以展示盲文的触控板，游戏中的文字内容经过转化，通过触控板用盲文展示，视力受损的玩家就能方便地阅读该内容了。让盲人玩家也能玩电子游戏，这在小赢看来几乎是很难实现的。如果这个发明专利在未来能够转化为成熟的产品，那么对于盲人玩家来说是多大的福音啊。

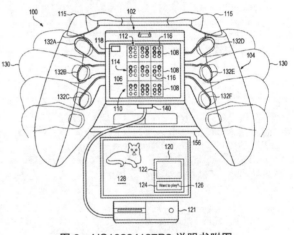

图 8　US10384137B2 说明书附图

前景展望

据微软公司的调查统计，全世界约有 3000 万名残疾人玩家，如何让他们也能享受电子游戏的乐趣？将游戏带给每个玩家，这正是 Xbox 无障碍控制器设计的初衷。Xbox 无障碍控制器能够入选《时代周刊》评选的 2018 年最佳发明，也是对其展现出的包容精神和人文关怀精神的极大肯定。

如今体感技术、AR 及 VR 技术、眼动识别、语音识别、人脸识别等众多新兴技术也逐渐应用到了游戏控制器上，使用肢体动作、声音、眼睛甚至表情都可以实现与手指一样的操控能力。小赢相信，随着科技的发展，未来定会涌现出越来越多更加人性化的无障碍设施。

　　在当今的商业社会中，一款产品在设计制造之初就会被问及目标用户群是否足够大、成本收益比是否合适等。而作为社会中相对少数的残障人群，专门为他们设计针对性的无障碍产品，通常要付出更多的成本，不符合商业资本的一贯做法。很多无障碍设施都是在公益组织和慈善机构等的资助下才得以诞生。正因如此，市面上为数不多的无障碍设施及其尚未产品化的发明设计才显得难能可贵。小赢认为，对于好的无障碍设施及其发明设计应该给予更大的保护，保护其知识产权以及其他相关合法权益，这样才能激励更多人加入这个行列，也能鼓励资本的投入，最终让更多的无障碍设施得以普及，让残障人士也能享受和普通人一样的便利生活。

本文作者：
国家知识产权局专利局
专利审查协作北京中心材料部
宋陈新

07 专利连接头助你十分钟手动组装完沙发

小赢说：

如果有一款沙发，买到家后不需要借助工具，而像拼插乐高玩具一样，"咔嚓咔嚓"，伴随着接合声，十分钟就能将其组装完成，那么对换新沙发这件事情，你会不会心动？

为什么传统沙发通常"凑合"用

过去，沙发是客厅的门面；现在，沙发更是居家社交的重要物品。关于居家，沙发可坐可卧，是个休息娱乐的好阵地；关于社交，当人们不愿走出家门时，参与直播、在线办公、网络博主展示等网络社交时，沙发成了出镜率最高的家居产品。让沙发时尚、个性，随心所欲变换方位布置，为居家社交助力，是人们更换沙发的基本要求。但是如果换沙发很费事，那么恐怕很多人会打消换沙发的念头。

宜家的沙发主打极简主义，时尚、个性，可以组装，但需要面对大小、长短不一的零部件以及让人看了挠头的组装说明书。但今天我们文章中的主角却不一样！

"网红"沙发 BURROW 的核心专利技术

图 1 这款沙发就是互联网沙发公司 BURROW. INC 推出的兼具时尚、舒适、便捷、百变的组装沙发，简称 BURROW 沙发。

BURROW 沙发成为"网红"，也可以说很有心机了。看看 BURROW 公司申请的沙发专利（WIPO 专利申请公开号为 WO2018/140582A1，见图 2；进入美国

国家阶段的美国专利申请已于 2019 年
10 月 8 日获得授权，专利公开号为
US10433648B1），每一个沙发位是一个
独立的模块，模块之间通过具有结合力
的插孔和插接件连接，不需要拧螺钉，
简单地对准插拔就能实现组装与拆卸。

图 1　BURROW 沙发拼装过程直观图①

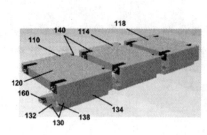
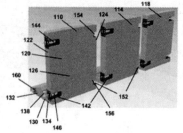

图 2　WO2018/140582A1 说明书附图 1

　　简单地插拔又能保证不会一碰就碎，全靠具有结合力的插孔和插接件。插接
件前头圆而尖，后头圆而钝，没入插孔中直到插接件与插孔两者刚好匹配（见
图 3）。尽管插接件体积很小，却有惊人的承重能力。

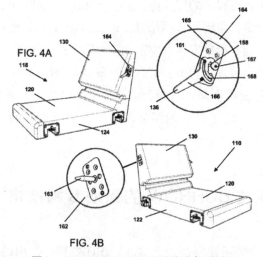

图 3　WO2018/140582A1 说明书附图 2

　　这样的插接件和插孔不难令我们想到风靡全球 80 多年的乐高积木玩具，圆
柱突点和凹槽孔的搭档，利用了突点孔结合系统使用干涉配合原理——不使用其

---

① 图 1 来自博派创意小铺官网 https://i. biopatent. cn。

他扣件的两个部件之间基于摩擦力的紧密连接——方便拼接也实现了结合有力。所以，BURROW 沙发的"小心机"不好说是不是从乐高积木的专利中得到的启发。当然了，乐高的基础专利（如图 4 这件于 1980 年 2 月 28 日授权的积木专利 DE1678326C3）早已超出了专利保护期限，成为公有领域的现有技术。观察 BURROW 沙发的接合位置，插孔是方孔，整体呈 U 形，采用了开放式。因为沙发作为大型家具，组装好后或坐或卧，不需要"翻"来"覆"去把玩，只要保证上端直接承力的部位接触就够了，不承力的下端开放接口，更容易卸力，能避免超重客户"咔嚓"把插接件坐折坐弯。

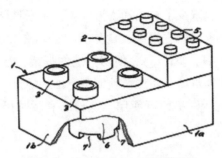

图 4　DE1678326C3 说明书附图

　　根据媒体报道，BURROW 沙发的诞生是源于创始人 Kual 一次不太愉快的宜家沙发购买经历。上大学时，他和另一位创始人 Kabeer Chopra 在宜家购置了一套沙发，他们花了几周才等到他们想要的原材料，为了节省运费两人不得不合力将沙发运送回家，最后 Kual 又花费了好几个小时才把这套沙发安装好。这样的经历对普通人来说，估计也就是抱怨一句"太复杂了"。但对于来自沃顿商学院的他们，想法就不一样了：他们决定研发一套能够模块化组合、任何人都能快速安装好的沙发。

　　于是，便有了模块化的 BURROW 沙发。图 1 的规格化的模块可以轻松地拼接成图 5 的三座沙发。在作者看来，这款沙发能够入选《时代周刊》2018 年最佳发明也是当之无愧的。乐高积木畅销 80 多年热度不减，这款像乐高积木般的沙发大概也摸到了极简生活的脉

图 5　BURROW 三座沙发①

搏，商品本身有非同一般的技术水平，呈现给消费者的却是简单、便捷的操作。

　　根据媒体报道，2018 年 BURROW 团队获得了 1400 万美元的 A 轮融资，创

---

① 图 5 来自 BURROW 官网 https://burrow.com。

始人 Kual 说这笔钱将用来聘用人员、开设工厂和引进非沙发产品，他们计划将 BURROW 打造成一个家庭生活品牌。

具备同款气质的国内沙发专利技术

在很多人抱怨宜家家居是"反人类""老公杀手"的同时，小赢从技术的发展角度不得不说一句：作为模块化家具的鼻祖，宜家把平板家居发扬光大，方便了消费者携带和运输，也减少了仓储和物流成本，对家具行业的发展具有重要贡献。在这方面的研发宜家仍然在继续，比如宜家公司在 2017 年申请的组装沙发专利（WO2017/003367A1，见图 6），使用标准的框架，沙发的基本框架组装为一体，作为沙发的基本承重体，在连接处使用标准的螺钉、套管、插销逐一连接好。装好框架，再放上沙发垫即可使用。这件专利暂时仍然没有考虑连接处的改进。

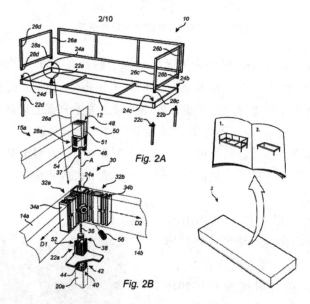

图 6　WO2017/003367A1 说明书附图

其实，类似宜家公司这样的组装沙发，国内也有实用新型专利（ZL201620663994.X，申请日甚至早于 BURROW 公司的专利申请日）。如图 7 所示，这个沙发也可以独立模块化安装，只是两个沙发位之间的连接件仍然选择合页安装，也就是需要额外的扣件（如手拧螺钉），装配在一起后想要拆卸就不方便了，无法做到像 BURROW 沙发那样在安装后仍可以随意、轻松地更换沙发位，所以与 BURROW 沙发还有一定的差距。

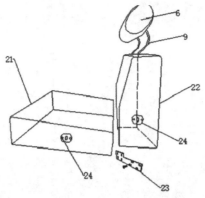

图 7　ZL201620663994.X 说明书附图

对沙发技术革新的畅想

　　BURROW 沙发的成功，在小赢看来是对消费者购买沙发后"搬运和安装、自由摆设"这一痛点更深入挖掘的结果，更是对消费者张扬个性的满足。也许中国的上述实用新型专利也已经洞察到这一痛点，只是在解决方案方面脑洞还不够大，没有想到"乐高"原理的转用。

　　沙发已是成熟产品，行业竞争激烈在所难免。BURROW 沙发的出现颠覆了人们对沙发的固有印象。国内沙发厂商在技术革新中也应在商品的颠覆性上下工夫，除了材质舒适环保、框架结实耐用之外，还可以考虑沙发对不同场景下消费者的适配，开动脑筋，布局专利，大胆革新。

本文作者：
国家知识产权局专利局
专利审查协作北京中心通信部
于峰

第二章

健康时尚

UVB
晒红、晒伤
波长短，到达表皮

08　防晒不能因噎废食

小赢说:

"防晒霜或含有害成分"的话题登上微博热搜，引发了公众对于防晒产品安全性的广泛讨论。炎炎夏日到底要不要涂防晒霜？小赢就从科学的视角来解读一下。

阳光灿烂的日子总是能带给人们好心情。而毋庸置疑，皮肤长期暴露于紫外线辐射下能够引起皮肤晒伤，造成皮肤老化、色素沉积。随着人们对皮肤状态的关注度日益增长，防晒作为护肤的重要部分更是引起了人们的高度重视。"防晒霜或含有害成分"这一话题源于发表在《美国医学会杂志》的一篇研究性文章①，文章对四种常用的防晒剂在最大用量使用条件下的人体吸收情况进行了随机临床试验（见图1）。②

图1　微博热搜话题"防晒霜或含有害成分"

文章中实验研究发现，美国防晒产品中常见的四种成分阿伏苯宗（Avobenzone）、羟苯甲酮（Oxybenzone、BP-3、二苯酮-3）、奥克立林（Octocrylene）、依茨舒（Ecamsule、Mexoryl、麦色滤）的人体吸收水平过高，仅使用一天后四种防晒成分的血浆浓度均超过了美国药品与食品管理局（FDA）建议的 0.5 ng/mL 这一标准。0.5 ng/mL 的标准源自美国在1995年对食物接触物致癌风险制定的"规定阈值"是 0.5ppb 摄入浓度级别 ［ng/mL，等于 1.5μg/（人·天）］。FDA 此前建议人体吸收量超过 0.5ng/mL 时，应该通过包括致癌性以及发育生殖研究的非临床毒理性实验。文章实验中羟苯甲酮的人体吸收水平最大达到 209.6ng/mL，是另外三种防晒成分的 50 倍以上。

---

① Murali K Matta, et al. Effect of Sunscreen Application Under Maximal Use Conditions on Plasma Concentration of Sunscreen Active Ingredients A Randomized Clinical Trial ［J］. JAMA, 2019 (5586): 1–10.

② https://m.weibo.cn/1765148101/4369611095063545。

我们通常将紫外线分为三个波段：UVA、UVB、UVC（见图 2）。阳光穿透大气层到达地球表面，UVC 和大部分 UVB 被大气臭氧层吸收。UVB 会导致皮肤晒红、晒伤。UVA 会造成皮肤晒黑、老化。

想要防晒，含有文章中提到的四种防晒剂的产品我们还能继续使用么？让我们先来看看以下四个问题。

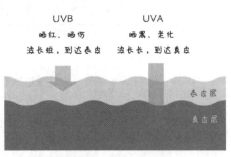

图 2　紫外线的三个波段①

研究中防晒产品的用量是多少？

所有的防晒成分在日晒之后都会逐渐失效，这也是必须补擦防晒产品的原因，防晒产品通常推荐大约 2 小时补涂一次。研究中按照推荐的最大使用剂量，即每天 4 次涂抹防晒产品，防晒产品需覆盖全身 75% 的皮肤，每平方厘米皮肤涂 2mg。成年人皮肤表面积大约是 $1.5\sim2.0\text{m}^2$，按照平均皮肤表面积 1.75m^2 计算，研究中一天的防晒霜使用量是 $1.75\text{m}^2\times75\%\times2\text{mg/cm}^2\times4$ 次 $=105\text{g}$。以 60mL 包装的防晒霜为例，研究中志愿者一天防晒产品的用量大约相当于 1.75 瓶，该用量大大超出了我们通常情况下一天的使用量。

研究中使用的四种防晒剂是否符合相关规定？

防晒产品因其具有药物宣称（防止晒伤或降低由太阳引起的皮肤癌和早期皮肤老化的风险），在美国按照药品进行监管。满足非处方药（OTC）及其他相应法规要求的情况下按照 OTC 监管，产品不需要 FDA 批准即可投放市场；否则为新药，需要 FDA 批准后方可上市（见表 1），四种防晒剂均属于 FDA 批准的防晒成分。

---

①　https://mp.weixin.qq.com/s/2KAzZbQR9TCjvOBEp4RMTg.

表 1　FDA 2011 年批准的 17 种防晒成分

类别		活性成分		最大添加量
有机防晒剂	UVA 吸收剂	二苯甲酮类	Oxybenzone	6%
			Sulisobenzone	10%
			Dioxybenzone	3%
		二苯甲酰基甲烷类	Avobenzone	3%
		邻氨基苯甲酸盐类	Meradimate	5%
		樟脑类	Ecamsule	10%
	UVB 吸收剂	对氨基苯甲酸酯类	PAPB	15%
			Padimate-O	8%
		肉桂酸盐类	Cinoxate	3%
			Octinoxate	7.50%
		水杨酸盐类	Octisalate	5%
			Homosalate	15%
			Trolamine salicylate	12%
		其他	Octocrylene	10%
			Ensulizole	4%
无机防晒剂			Titanium dioxide	25%
			Zine oxide	25%

防晒化妆品在中国属于特殊用途化妆品,《化妆品安全技术规范（2015 年版）》中规定了 27 种化妆品准用防晒剂（见表 2），四种防晒剂属于中国准用的防晒剂。同时,《化妆品安全技术规范（2015 年版）》中还规定了防晒类化妆品中防晒剂的总使用量不应超过 25%。

表 2　四种防晒剂在《化妆品安全技术规范（2015 年版）》中的规定用量

防晒剂	羟苯甲酮	奥克立林	阿伏苯宗	依莰舒
最大添加量	10%	10%（以酸计）	5%	10%（以酸计）

常用的防晒产品会用到这四种防晒剂么？

从表 3 可以看出四种防晒剂是防晒产品中的常用 UV 吸收剂。

表3 四种防晒剂的专利申请示例

相关专利	涉及产品	防晒成分
CN104010621B 联合利华	防晒组合物：包含水不溶性 UVA 有机防晒剂，UVB 有机防晒剂和光防护增强剂	水不溶性 UV-A 有机防晒剂为阿伏苯宗或二苯酮-3，UV-B 有机防晒剂为甲氧基肉桂酸 2-乙基己酯
US9132074B2 欧莱雅	防晒组合物：包含 UV 过滤剂的组合物	UV 过滤剂包含奥克立林、阿伏苯宗、Tinosorb S、Uvinul T150、麦色滤
US9549891B2 宝洁	护肤品组合物：包含高吸水性树脂、干燥颗粒物、UV 活性剂和水	UV 活性剂可以选择阿伏苯宗、二苯酮-3 等
WO2017216981A1 资生堂	口唇化妆品：包含紫外线吸收剂、油分、氧化钛和氧化锌	紫外线吸收剂选自由奥克立林、亚苄基丙二酸盐聚硅氧烷和二乙氨基羟苯甲酰基苯甲酸己酯组成的组分中的至少 1 种，和甲氧基肉桂酸乙基己酯

添加四种防晒成分的化妆品专利申请中，申请量前五名的申请人中不乏知名公司（见表4）。

表4 四种防晒剂专利申请的主要申请人及申请量

防晒剂	申请人	专利数量/件
Avobenzone	edgewell 个人护理品牌有限责任公司	78（5.52%）*
	宝洁公司	74（5.23%）
	杜邦公司	64（4.53%）
	欧莱雅集团	59（4.17%）
	美国强生公司	46（3.25%）
Oxybenzone	宝洁公司	211（10.06%）
	拜耳斯道夫股份有限公司	104（4.96%）
	美国强生公司	77（3.67%）
	雅芳产品股份有限公司	60（2.86%）
	edgewell 个人护理品牌有限责任公司	51（2.43%）
Octocrylene	欧莱雅集团	931（26.58%）
	拜耳斯道夫股份有限公司	271（7.74%）
	宝洁公司	191（5.45%）
	资生堂股份有限公司	166（4.74%）
	联合利华股份有限公司	107（3.06%）

防晒剂	申请人	专利数量/件
	阿什兰公司	15（9.09%）
	Cosmetic Warriors Ltd.	10（6.06%）
Ecamsule	欧莱雅集团	8（4.85%）
	avidas pharmaceuticals llc	7（4.24%）
	施泰福研究澳大利亚有限公司	6（3.64%）

﹡占比指该申请人的申请量在含有相应防晒剂的防晒产品专利申请总量中的比例。

从图3、图4可以看出羟苯甲酮相关专利研究开始最早；奥克立林由于具有良好的光稳定性、不易降解，近些年的申请量涨幅最大；依莰舒相关专利研究开始最晚且申请量最少。

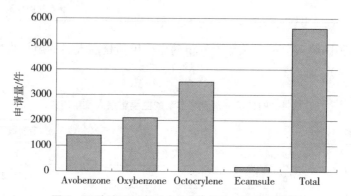

图3 四种防晒剂专利申请量与添加 FDA 规定的十五种化学防晒成分的防晒剂专利申请总量对比

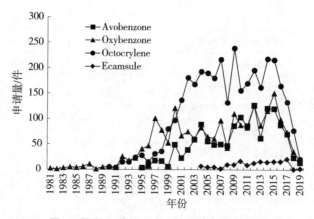

图4 添加四种防晒成分的专利申请量分布

研究中使用的四种防晒剂的防晒效果怎么样?

表 5 中圆圈黑色部分面积越大表明紫外线吸收效果越好。阿伏苯宗和依莰舒是最佳的 UVA 吸收剂,羟苯甲酮同时具有良好的 UVA 和 UVB 吸收效果,奥克立林主要吸收 UVB。

表 5　防晒剂防晒效果的比较①

FDA 批准的防晒成分	光线防护程度	
	UVA	UVB
Aminobenzoic acid（PABA）	○	●
Avobenzone	●	◑
Cinoxate	◕	●
Dioxybenzone	◐	●
Ecamsule	●	◔
Homosalate	○	●
Menthyl anthranilate	◐	●
Octocrylene	◕	●
Octyl methoxycinnamate	◔	●
Octyl salicylate	○	●
Oxybenzone	◐	●
Padimate O	○	●
Phenylbenzimidazole	○	●
Sulisobenzone	◐	●
Titanium dioxide	◐	●
Trolamine salicylate	○	●
Zinc Oxide	●	●

综上,研究中提到的四种防晒剂是防晒产品的常用防晒成分,具有良好的防晒性能,其添加符合相关规定,且实验数据结果是在大大超出日常防晒产品用量的条件下得出的。研究也指出,防晒有效成分的人体吸收情况还需要进一步研

① Alfredo Siller, et al. Update About the Effects of the Sunscreen Ingredients Oxybenzone and Octinoxate on Humans and the Environment [J]. PSN, 2018, 38 (4): 158-161.

究，该结果并不表示应该避免使用防晒产品。所以这些防晒产品该用还是得用。

虽然这些防晒产品必不可少，但是不同的防晒成分的稳定性、安全性存在差异（见表6）。阿伏苯宗的稳定性较差，很多化妆品生产企业早已关注到这个问题，对此进行了大量研究，通过添加稳定剂等方法提高其产品稳定性，从而确保产品在保质期内的防晒功效和安全性。奥克立林易引发儿童致敏。羟苯甲酮人体吸收水平高，可能会对新生儿而产生影响，并且还会导致珊瑚白化，此前夏威夷、帕劳等地已经禁止销售含有羟苯甲酮的防晒产品（见图5）。物理防晒剂氧化锌和二氧化钛是FDA批准的防晒成分中被普遍认定为安全且有效的，其他批准的防晒成分并没有获得足够普遍认定为安全有效的数据支持。

表6　四种防晒剂性能评价

防晒剂	人体吸收程度	致敏性	相关评价
Avobenzone	低	通过广泛的毒理性评价，光降解后可能引发光致敏	单独使用性质不稳定
Oxybenzone	高	易引发光致敏接触性皮炎	在母乳、羊水、尿液和血液样本中检测到该物质，导致新生儿可能接触到这种化学物质，被认定对人体和动物的荷尔蒙具有干扰
Octocrylene	低	儿童具有高接触性致敏和光致敏概率	化学性质稳定，可以改善阿伏苯宗的稳定性，同时使用具有改善UVA吸收的协同效果
Ecamsule	低	—	弱经皮吸收性

图5　珊瑚白化前后对比①

与此同时，国家药品监督管理局也关注到了该话题，在其官网的"化妆品科普"板块解答了相关疑惑："最近，FDA发表在《美国医学会杂志》上的一项研究显示，防晒霜中常见的四种活性成分可以由皮肤吸收进入身体，引发恐慌。实际上，该研究是在非正常条件下的极限实验结果，受试者涂抹的防晒剂量极大，并不能

① https://www.sohu.com/a/284285270_120044524.

代表日常使用防晒化妆品的真实情况，其临床意义尚不明确，也不意味着防晒化妆品不安全。"

要想达到理想的防晒效果，要注意正确使用防晒产品，注意涂抹用量。防晒产品标识的 SPF 值和 PA 等级是根据《化妆品安全技术规范（2015 年版）》的要求，按照 $2mg/cm^2$ 的用量测试得到的结果，因此我们在日常使用防晒化妆品时，用量达到 $2mg/cm^2$ 才能起到产品标签标注的保护作用。例如，面部一般的防晒化妆品需要取约一元硬币大小的量才能满足要求；如果防晒产品质地比较稀薄，取的量还要多一些；应在出门前 15~30min 涂抹；如果长时间在日光下暴露的话，建议每隔 2~3h 进行一次补涂，保证持续的防晒效果。

结语

防晒的目的不仅仅是防晒黑，更是对自我的保护。防晒是护肤的基础步骤，减少皮肤在日光下暴晒、合理涂抹防晒霜、晒后注意保养、合理补充维生素 C，利用多种方式保持健康的皮肤状态。目前已有较多专利对防晒剂的成分进行分析，在日化商品市场日新月异的变化中，了解技术研发状况、关注市场需求，能够为企业发展提供有力的竞争力。

本文作者：
国家知识产权局专利局
专利审查协作北京中心材料部
田媛　娄升伟

09 "人造肉"的超越

小赢说：

"人造肉"这个概念，无论在资本市场上，还是在生活中，都是一个热词：用植物蛋白代替动物蛋白，用更少的耕地达到同样的效果……今天，我们就通过一款植物基的素食香肠来聊聊未来饮食结构可能发生的改变。

俗话说，民以食为天。近年来，人们对食品的要求在美味的基础上更加注重健康。肉类食品是人们日常饮食的重要组成部分，随着全球肉类食品消费量逐年增长，其供应量以及安全性逐渐引起人们的关注。世界知名食品公司的研究人员通过高科技制造"人造肉"来缓解肉类食品危机带来的压力。

"人造肉"的推出

2017 年 12 月，一款由 Beyond Meat（超越肉食）公司推出的纯素香肠 Beyond Sausage（超越香肠）闪亮面世（见图 1），次年登陆全美 Whole Foods 超市。拥有和肉类制作的普通香肠一样诱人的外观和口感，在烹饪时还可以听到嘶嘶的煎炸声，满足食客对于肉制品的所有幻想。

图 1 "超越香肠"产品①

让小赢想不到的是：与普通香肠相比，"超越香肠"蛋白质含量更高，但是饱和脂肪含量下降了 38%（见图 2）！

---

① 图 1、图 2 来自 www. Beyondmeat. com。

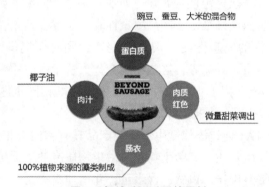

图2 超越香肠成分

Beyond Meat 公司的科技成果让其成为风投竞相追逐的目标，其中不乏重量级投资者，包括比尔·盖茨、推特联合创始人比兹·斯通、麦当劳前任总裁唐·汤姆森等。

"人造肉"的制作

如此神奇的香肠，你一定会好奇它是怎么制作成的（见图3）。

豌豆、蚕豆、大米的混合物

蛋白质

椰子油 — 肉汁 BEYOND SAUSAGE 肉质红色

微量甜菜调出

肠衣

100%植物来源的藻类制成

图3 超越香肠采用的原料

目前，"人造肉"生产工艺主要分为两种（见图4）。

| 利用动物干细胞，结合生物技术培养生长而成 | Way1 | 生产速度较慢，成本高昂。2018年，采用细胞培育"人造肉"的Memphis Meats公司声称，四分之一磅（约113g）人造牛肉馅的价格约为600美元 |
| 以植物蛋白制作 | Way2 | 获得的"人造肉"被认为是更健康的素食蛋白质食物，Beyond Meat采用此工艺 |

图4 "人造肉"的两种生产工艺

Beyond Meat 公司分析，妨碍人们接受素食蛋白质产品的一个原因是，这类产品不具有动物肉产品那种广受喜爱的质地和感官特性。在微观水平上，动物肉由复杂的蛋白质纤维三维网络组成，这种三维网络不但提供内聚力和紧实度，还捕集多糖、脂肪、香气和水分。与之相比，许多现有的纯素食产品的蛋白质结构较为松散且复杂度较低，在咀嚼过程中容易分解，缺少嚼劲，还给人"粉质""橡胶质""海绵质""黏稠"的感觉。由于不具有三维结构，这些新型蛋白质食物产品也无法有效地捕集水分和香气。

"人造肉"的专利保护

Beyond Meat 公司致力于研发烹饪口感更接近于真实肉类的素食蛋白质产品，并针对该产品的研发向各国提出了专利申请。

US9526267B2 涉及生产营养丰富的具有肉结构的蛋白质产品的方法：①将非动物蛋白质材料和水混合形成面团；②搅拌并加热面团使蛋白质变性，产生基本上对齐的蛋白质纤维；③使面团定形以固定此前获得的纤维结构，从而获得蛋白质纤维产品；④加入非热稳定性营养素，如铁、ω-3 脂肪酸、钙、维生素 B-12。对齐并互相连接的蛋白质纤维赋予产品内聚性和紧实度，而蛋白质网络中的开放空间可削弱纤维结构的完整性使"肉质"变嫩，同时还提供凹处用于保留水、碳水化合物、盐、脂质、香味等，这些物质在你大快朵颐时缓慢释放，让你分不出究竟是"荤"还是"素"。但是 Beyond Meat 公司以相同主题向中国提出的专利申请（CN106686987A）并未获得专利权。

US2016/0073671A1 通过添加微生物质使产品具有和肉类相似的质地和口感。微生物质可以为藻类生物质、真菌生物质。微生物质有利于促进和肉类相似的蛋白质结构的生成，提升肉味、口感、含水量，并增加肉类蛋白质中具有的营养物质。但该申请没有被授予专利权。大家可能不禁要问：真菌这种东西真可以加在食品里？小赢在这里告诉大家：用于啤酒、面食发酵的酵母菌就是真菌，所以食客们请放心。

CN108471779A 通过添加黏结剂、试剂释放体系使产品具有和肉类相似的质地和口感。黏结剂用来凝结肉结构化蛋白质产品，可以选用天然或改性淀粉、蛋白质类物质、β-葡聚糖、胶剂、多糖和改性多糖、坚果和籽脂、酶等。释放体系有点像我们吃的胶囊，它包裹着待释放的着色剂、水、脂肪酸、风味剂等，当达到一定的温度、pH、压力、剪切（如咀嚼）、时间等条件后释放。比如，可以在产品烹饪时释放类似于动物肉在烹饪期间产生的颜色，发出"嘶嘶""滋滋"

声，并生成熔化脂肪。这样一来，煎肉时能达到"以假乱真"的效果。不过该申请目前处于审查过程中，尚未获得专利权。

结语

其实，与西方国家刚刚刮起的素食风相比，中国的仿荤素食可以追溯至唐、宋时期，绝对早早地引领了潮流。延续至今的仿荤菜是寺院素菜的一大特点，主要用豆腐、面筋、菌类等制作，外形和口味与真正的荤菜极像，其本身也是用植物蛋白质制作而成的。

"人造肉"的出现可以减轻养殖业和畜牧业的压力，缓解供给紧张关系。但通过以上专利技术不难看出，其在生产成本、口感以及食品安全等方面仍然存在不足，制约了"人造肉"的市场化发展。专利技术的普及能够更好地帮助社会大众接受"人造肉"产品。随着生产技术的完善，通过规范的生产可以丰富人们的餐桌，避免养殖过程中各种激素和抗生素的滥用，提供给人们更多物美价廉的健康食品。

本文作者：
国家知识产权局专利局
专利审查协作北京中心材料部
田媛　娄升伟

10　变色隐形眼镜中的专利技术

小赢说：

　　最近有一款会变色的隐形眼镜火爆网络。很多人认为有了它眼睛的颜色就可以随心变了。错！此"变色"非彼"变色"。准确地说，它是一款变光隐形眼镜，通过镜片颜色的深浅转换自动调整入眼光强。想了解更多，就请详细阅读本文吧！

　　隐形眼镜，也叫角膜接触镜，是一种戴在眼球角膜上，用以矫正视力或保护眼睛的镜片（见图1）。通常软性隐形眼镜由硅水凝胶、水合聚合物制成，具有 13.5~14.5mm 的直径。

图1　隐形眼镜①

隐形眼镜的优势与不足

　　隐形眼镜具有视野范围宽阔、视觉清晰度高、无碍运动等优点，它的问世让很多人摆脱了镜架的束缚。下雨天不用担心沾水（见图2），从冷环境进入热环境镜片也不会起雾。可以更自由地放飞自我，毫无顾忌地进入运动模式。

图2　佩戴隐形眼镜与框架眼镜的视野对比

---

　　① 图1、图2、图10、图11来自安视优中国官网：www.acuvue.com.cn。

但面对炽烈的阳光，隐形眼镜还是离不开墨镜，更替代不了变色墨镜（见图 3）。

图 3　变色墨镜①

化身变色墨镜

切莫着急！一种自动调光的隐形眼镜已面世。这款可变色隐形眼镜全称为 Acuvue Oasys With Transitions 隐形镜片（转换光智能技术安视优欧舒适隐形眼镜），由强生视力健公司（以下简称"强生"）和全视线光学公司（以下简称"全视线"）合作研发（见图 4）。

图 4　可变色隐形眼镜②

由于添加了光反应变色材料，它可根据紫外线强度调节进入眼睛的可见光强。强光下，镜片自动变深；正常或弱光下，镜片恢复正常。这款眼镜能自动抵挡强烈的紫外线，对眼睛十分友好，可以说非常智能了。想象一下，当转战室外，即刻拥有深邃目光！

根据目前公开的信息，该技术是首次将变色墨镜的技术应用到隐形眼镜中，可使用 14 天（两周抛产品），UVA 防护>90%，UVB 防护>99%。

产品的研发者

接下来聊聊合作研发该产品的这两家公司。通常，在自身领域具备优势的企业

---

① 图 3 来自全视线光学官网：www. transitions. com。
② 图 4 来自《时代周刊》杂志官网：www. time. com。

间进行充分的交流与合作，有利于生产出迎合市场需求的新兴产品，实现互利共赢。强生和全视线分别作为隐形眼镜、光致变色（智能适应）镜片的行业巨头，你有"变色"，我有"隐形"，合起来就是"变色隐形"。

先来了解一下"隐形"。强生有近两百件隐形眼镜材料及工艺等相关的中国专利。自1991至今，强生已提交327件相关中国专利申请（见图5），并在近20年内保持15件左右相对稳定的年申请量。由此可见，强生作为具有技术优势的企业，仍然保持着持续稳定的研发成果输出。这一点也可以从其不断推出的各系隐形眼镜新品得出相同结论。

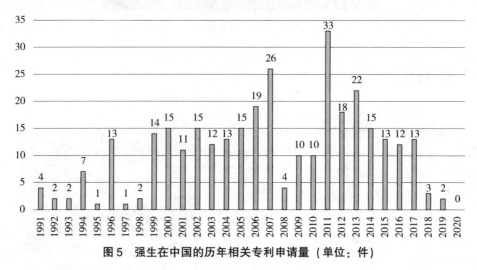

图5　强生在中国的历年相关专利申请量（单位：件）

其中，典型的ZL200880019190.4就记载了将色素引入内外夹层中形成"三明治"构型（即常见的美瞳）的技术方案，该构型避免色素与眼睛的任何接触，也就没有了色素脱落的潜在危险。并且色素层与透明层交叠于夹层中（见图6），具有三维效果，虹膜效果更加逼真，具有更好的美妆效果。

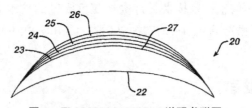

图6　ZL200880019190.4说明书附图

接下来谈谈"变色"。全视线在光线管理领域有着强大的技术积淀，手握70多件变色相关的中国专利，自1997至今已提交104件相关中国专利申请（见图7）；尽管年申请量有波动，但自2002年至今仍每年都有相关专利申请，并维持在10件左右。据专利内容记载，其研发围绕光致变色材料在持续不断地优化。

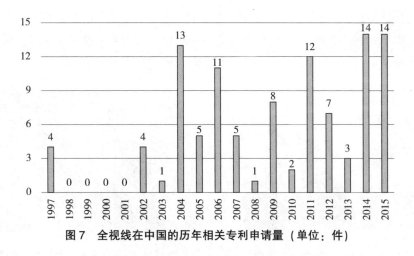

图7　全视线在中国的历年相关专利申请量（单位：件）

比如，ZL200780040765.6就记载了两种光致变色材料（基本不含可聚合的不饱和基团），变色更快。结构如图8所示。

图8　ZL200780040765.6说明书附图

对未来产品的期待

你也许会想，有了"变色隐形"，是不是眼睛就彻底解放，可以在球场上肆意放飞，不再担心被带着优美弧线的篮球闷脸了？也不用担心因为羽毛球馆屋顶的灯光而错失一记绝好的后场杀球？

你的期待一定是这样……比如 SHET-TERS 公司的变色护目镜，通过内置的光传感器感测光强（如图9中手指迅速靠近/远

图9　快速变色过程①

① 图9来自极客视界官网：http://geekview.cn/。

离使光传感器遮蔽/打开），在0.04s内完成变色。然而事实上它并没有那么快。不过，也不用感到失落，即便不能以毫秒为单位来回变色，但你将拥有耀眼阳光下的清晰世界（见图10），也不再时不时变成眯眯小眼儿（见图11）。

图10　强光应用场景下对比图　　图11　强光场景下用户状态对比图

回到这款产品本身，简而言之，它既能保护我们的眼睛免受强光的伤害，又可保证弱光下的入眼光通量，并在两者间自动切换，可谓"一举两得"；换言之，亦可将其称作有变色墨镜效果的隐形眼镜。这款新型可变色隐形眼镜已能满足我们当前对于隐形眼镜产品的迫切需求，小赢已经跃跃欲试了，让我们安心等着它在国内上市哟！

此外，随着产品的日臻完善及众多差异化产品不断出现，以及公众接受程度不断提升，尤其具有美妆效果的美瞳彩片在年轻女性中颇受青睐，如此种种都预示着隐形眼镜的市场将越来越大，尤其对具有庞大人口数量的我国来说，未来的市场前景必然非常乐观。然而，面对众多国外传统豪强，本土企业的发展却没能适配我国的市场发展脚步。希望在不久的将来，更完善的产品列表里有更多中国本土企业的研发成果，也希望本土企业能够立足国内、放眼全球，造福国人、惠民利国。

本文作者：
国家知识产权局专利局
专利审查协作北京中心医药部
白雪

11 一款颠覆传统的隔声耳塞

小赢说：

在这个"倍速快进"的时代，睡眠质量已经成为影响我们身心健康和幸福感的重要因素。享受高质量的睡眠，对于很多人来说已经成为一件奢侈且难以实现的事情。为解决人们睡眠中的噪声干扰问题，Bose 公司发布了 Bose sleepbuds 遮噪睡眠耳塞。

2020 年 3 月 14 日，中国睡眠研究会联合慕思寝具发布了《2020 全民宅家期间中国居民睡眠白皮书》，数据的采样周期是从 2020 年 1 月 1 日至 2 月 29 日，重点调查疫情期间全民居家"战疫"阶段国人的真实睡眠情况。数据显示人们的作息更趋紊乱，虽然睡眠时长急速上升，平均睡眠质量却下降了。早在 2018 年，第一财经商业数据中心的调研数据就显示，近三年线上助眠产品的消费额及消费人数均呈现稳步上升趋势。同时数据显示，噪声是影响睡眠质量最主要的外界因素，因此隔声耳塞成为线上最受欢迎的助眠产品之一。

传统的隔声耳塞

1. 传统隔声耳塞的起源与发展

隔声耳塞最早起源于古希腊的一个传说。海妖塞壬在墨西拿海峡附近生活，它常用歌声蛊惑水手们发疯，使得航船触礁沉没。有一天，大英雄奥德修斯率领船队经过这片海峡，为了不被歌声蛊惑，奥德修斯命令水手们用蜡制的耳塞封住了他们的耳朵，最终安全通过。

上述传说中的蜡制耳塞便是最早的隔声耳塞了。现如今隔声耳塞的制作材料和外观设计发展得更加多样，如图 1 所示。

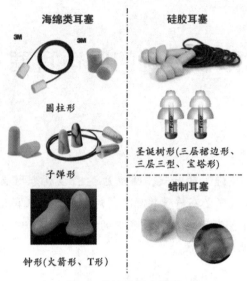

图 1 传统的隔声耳塞

2. 传统隔声耳塞的缺点

隔声耳塞通过将耳塞插入耳道来隔绝声音进入耳内，从而达到隔声的目的（见图 2）。传统隔声耳塞的优点在于性价比高、操作简单、易于携带，但也存在一些缺点：

1.用食指跟大拇指将耳塞搓成细长条状，越细越好   2.将耳朵向上轻提，有技巧的将耳塞旋转着塞入耳道   3.将塞好的耳塞用食指固定30s至耳塞完全膨胀

图 2 传统隔声耳塞的佩戴方式①

（1）对耳朵或听力造成伤害，诱发炎症、听力下降、恶性依赖、耳孔撑大等。

（2）卫生清洁问题，不宜长期循环使用。海绵耳塞通常用完即可丢弃；可清洗耳塞清洗后会逐渐失去慢回弹特性，影响耳塞性能；蜡制耳塞可能残留蜡在耳道内，不够卫生，不易清洗。

（3）佩戴舒适度不太理想，使用中会有胀痛感、异物感和压迫感。

---

① 图2、图4、图11、表1来源于百度 www.baidu.com。

（4）易丢失。对于无线的耳塞常发生睡醒后一只耳塞不见了的情况，而有线耳塞睡觉时线材会缠绕在颈部，体验差。

突破传统的 Bose sleepbuds 遮噪睡眠耳塞

1. Bose sleepbuds 耳塞的诞生

早在 2016 年，Bose 就在 Indiegogo 上发起了一个遮噪睡眠耳塞的项目众筹活动，结果发现这款产品出乎意料地受消费者欢迎，便马不停蹄地去研发了。2017 年 5 月 9 日，Bose 在美国申请了这款耳塞的外观设计专利（USD0828826S1，见图 3），但 Bose 并未在中国申请该专利。2018 年 6 月，这款产品成功量产发售，产品的实物如图 4 所示。

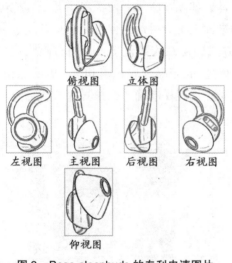

俯视图　立体图

左视图　主视图　后视图　右视图

仰视图

图 3　Bose sleepbuds 的专利申请图片

图 4　Bose sleepbuds 实物

2. Bose sleepbuds 耳塞及配件介绍

首先，这款睡眠耳塞从外形上颠覆了传统耳塞固有的形态，整体造型同耳机无异。纯白机身，造型扁平小巧、简洁优雅，外壳更有陶瓷质感，给人一种轻奢的感官体验。质地柔软的硅胶外壳之下的耳机本体小巧圆润、做工精致。耳机本体长宽都是 1cm、重量仅 1.4g，是 Bose 迄今为止打造的最小产品，其体积和重量相当于普通感冒药丸。一整副耳塞不过 4.6g，大约就一张 A4 纸的重量。小赢专门拿 Bose QC30、苹果的 airpods 和 Bose sleepbuds 做了对比，如图 5 所示。果然，和另外两款耳机相比，Bose sleepbuds 的耳机小巧了许多，使用时可以完全隐藏在耳朵里。

这款睡眠耳塞有一个圆饼型的收纳盒（充电盒），它的表面与四周采用铝制磨砂材质设计，金属的外材从顶部覆盖到了侧面。整体呈深空灰金属磨砂配色，极具质感。摸上去，温润微凉。收纳盒非常小巧轻便（2.7cm×7.7cm×7.7cm，111.41g），恰好可以放在手心

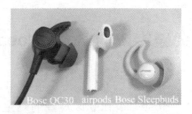

图 5　Bose 产品外观设计对比图

里，堪称居家旅行必备良品。耳机盒边缘靠近 sleepbuds 的地方左右分别有两个弧形的 LED 灯，当指示灯亮起变成白色呼吸灯时，表明两只耳机处于连接充电状态。正中的五个点状指示灯可以显示当前收纳充电盒的电量，每个灯代表大约20%的电量。

收纳盒背面可以明显地看出滑轨的设计，如图 6 所示，便于单手开合。充电盒底部采用了灰白色防滑材质，在倾斜的桌面上不会滑落，但也易沾染灰尘、易脏。两只 sleepbuds 耳塞通过磁性吸附的方式固定在收纳盒里，也通过磁吸接口完成实时充电。将硅胶耳塞翻转，可看到对应的充电金属触点和 L、R 的标识，如图 7 所示。磁吸的设计，一来置入耳塞时更加轻松准确，二来耳塞放置后不易滑落。

图 6　Bose sleepbuds 的收纳盒

图 7　Bose sleepbuds 的耳塞

这款耳塞的配件较为齐全，如图 8 所示。毕竟每个人的耳朵都不一样，为满足不同人群的需求，Bose 结合了近 3000 人的测试结果，人性化地提供了 3 个尺寸的 StayHear+ Sleep 鲨鱼鳍硅胶耳塞，以及 6 款适应全球不同规格的电源适配器插头。

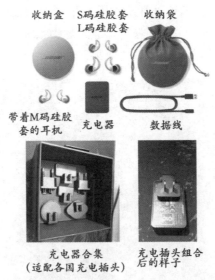

收纳盒　S码硅胶套　收纳袋
　　　　L码硅胶套

带着M码硅胶　充电器　数据线
套的耳机

充电器合集　　充电插头组合
（适配各国充电插头）　后的样子

图8　Bose sleepbuds 的配件

3. Bose sleepbuds 耳塞的工作原理

与传统耳塞纯隔声的原理不同，Bose sleepbuds 耳塞在依靠耳塞入耳式隔声的基础上还增加了助眠音乐。即播放一段与噪声频率相匹配的白噪声，当白噪声的音量达到一定水平时，人的大脑与耳朵便无法准确检测到外部噪声的存在，从而达到遮盖噪声的效果。白噪声，指一段声音中频率分量的功率在整个可听范围（0~20kHz）内都是均匀的。伦敦皇家医学研究院的 Spencer 博士曾经专门就白噪声对睡眠影响做了一项研究，发现白噪声有着显著的催眠效果。当你在入眠过程中听到打鼾、汽车鸣笛等噪声时，sleepbuds 的音轨会自动与外部噪声的频率相匹配，从而替换或覆盖睡眠时的噪声。我们可以通过调节每种声音的音量水平来彻底遮盖干扰睡眠的其他声音。此外，sleepbuds 本身并没有任何实体按键，所有操作都需要配套的手机 App 来完成。虽然造型实现了小巧，但给操作也带来了一定不便。

Bose 在主动降噪领域独领风骚，一直处于垄断地位。2014 年 7 月，Bose 曾状告苹果旗下的 Beats 公司侵犯其降噪相关的 "延迟的数字信号处理系统" "高频补偿" "主动降噪" 等五项技术专利。2014 年 10 月 11 日，两公司关于降噪耳机的专利纠纷达成和解。2018 年 5 月 24 日，Bose 指控对美出口、在美进口或在美销售的耳机听筒及其组件侵犯其专利权，请求美国际贸易委员会发布普遍排除令和禁止令，而中国深圳 Misodiko 公司、Phonete 公司和 TomRich 公司列名被告。可见，Bose 在潜心研发的同时，相当重视知识产权的保护。

然而 Bose sleepbuds 这款睡眠耳塞并没有采用他们最成熟先进的主动降噪技术，而是采用了遮噪技术。主动降噪，指通过降噪系统产生与外界噪声相等的反向声波，将噪声中和，从而实现降噪的效果，如图 9 所示。

图 9　主动降噪的原理①

小赢认为原因有二。其一，主动降噪耳机擅长消除飞机引擎、风扇等有规律的低频噪声，而不能完全消除睡眠时突然出现的噪声；其二，主动降噪耳机耗电量较大，需加装电池，但高安全性、高密度的小型电池技术尚未攻克。例如，Bose QC30——Bose 主动降噪耳机的代表之一——采用了项圈式的设计，有充裕空间搭载更大容量的电池，但体型笨重不宜用来睡觉。为此，索尼研发了降噪豆 WF-1000X，耳机体积是小巧了，但电池也小，单次降噪续航还不到 3 小时，这对于入眠困难以及环境中带有长久持续噪声的用户来说还是不太适用的。图 10 展示了上述两款耳机的外观设计。

图 10　Bose QC30 耳机和索尼降噪豆 WF-1000X

可见，主动降噪虽好，但续航和舒适性不可兼得。紧随索尼研发降噪豆 WF-1000X 之后，Bose 火速推出了 Bose sleepbuds 这款"安眠豆"产品。那么

―――――――――
①　图 9 来源于百度百科。

Bose sleepbuds 这款耳塞是否有效解决了电池的续航问题呢？

出于对体积、重量和续航能力的多重考量，sleepbuds 没有采用锂电池，而是使用了可充电的银锌纽扣电池。如图11 所示，银锌电池体积小巧，仍在 sleepbuds 内部占用了较大空间。sleepbuds 只能播放本地存储的音频，不能通

图 11　sleepbuds 耳塞的内部构造

过连接手机来播放音频，也是为了尽可能减少耳塞中的元器件，使得耳机小巧。

耳机的小巧保证了，那续航方面 Bose 做了哪些努力呢？sleepbuds 使用了更低功耗蓝牙（Blue Low Energy，BLE）技术，在实现无线连接的同时占用很少的耳塞内部空间，耗电量很低，同时功耗和经典蓝牙技术相比低很多，如表 1 所示。耳塞在睡觉过程中，也会自动断开蓝牙连接以保证续航。关于续航能力，sleepbuds 官方标称为每次充电可使用 16 小时，完胜索尼降噪豆 WF-1000X 的官方数据。可以说，Bose sleepbuds 是一款不折不扣专为睡觉而生的产品了。

表 1 经典蓝牙和低功耗蓝牙的对比分析

技术规范	经典蓝牙	低功耗蓝牙
无线电频率	2.4GHz	2.4GHz
距离	10m	最大 100m
发送数据所需时间	100ms	<3ms
响应延时	约 100ms	6ms
安全性	64/128bit 及用户自定义的应用层	128bit AES 及用户自定义的应用层
能耗	100%（ref）	1%~50%
空中传输数据速率	1~3Mbit/s	1Mbit/s
主要用途	手机、游戏机、耳机、立体声音频数据流、汽车、PC 等	手机、游戏机、表、体育健身、医疗保健、智能穿戴设备、汽车、家用电子、PC 等

Bose sleepbuds 为了保证电池的续航做出了多方面的努力，采用了遮噪技术、可充电的银锌纽扣电池和低功耗蓝牙技术，然而产品上架后仅一年多，2019 年 10 月 4 日 Bose 便通过邮件全面召回了 Bose sleepbuds 耳塞，召回的原因是有诸多用户反映产品存在充不满电或者意外断电的情况，为此 Bose 官方针对产品硬件进行仔细研究，证实了其电池的确没有达到预计的续航时间，且电池故障修复无望，于是决定停产 Bose sleepbuds 耳塞。

4. 相比于传统耳塞的优势

虽然这款耳机仍然没有避免电池续航不足的劣势，但其相比于传统耳塞仍具有以下几点优势：

（1）设置闹钟。一款能够内置闹钟的睡眠耳塞。只有佩戴者一个人可以听到闹钟，且能单独调节音量，不必和系统音量同步。你不必担心睡过，也可以在柔和的闹钟声中醒来，完美弥补了传统耳塞的缺陷。

（2）隔声效果。sleepbuds 的降噪效果比起 Bose QC30 这种主动降噪耳机略差一些，但是对于说话声、鼾声等人声有着很好的隔绝效果。耳机内置的音乐能够放松大脑，让人心情平静，营造一种十分舒缓轻柔的睡眠氛围，可以加快入睡。

（3）清洁卫生。sleepbuds 的清洁很简单，只需要轻轻擦拭硅胶面即可。传统耳塞使用时需用手指挤捏，这个过程很容易污染耳塞，而 sleepbuds 只需从盒中拿取佩戴，几乎不会弄脏它。传统耳塞没有放妥时易滚落弄脏，但 sleepbuds 通过磁吸方式固定，不会滚动。

（4）佩戴舒适度。sleepbuds 上应用的 StayHear+Sleep 鲨鱼鳍硅胶耳塞质地柔软，材质亲肤。加上 sleepbuds 本身精致小巧，入耳感觉轻盈如无物，既没有异物感，也适合长时间睡眠佩戴。且 sleepbuds 采用了遮噪技术，用户无须忍受传统降噪耳机逆向发声对耳朵带来的压迫感。

结语

尽管 Bose sleepbuds 从发布、召回和停产仅用了一年多的时间，犹如昙花一现便于市场上消失了，但不可否认，这款产品是隔声耳塞产品领域上的一项伟大革新，不仅产品的外观设计完全颠覆传统隔声耳塞的外形，且功能更加强大，人性化的设计也提高了用户体验的舒适度和清洁度。虽然电池续航问题没有解决，但 Bose sleepbuds 的出现仍是一次别开生面的创新和改变，为后来的设计者和研发人员提供了更加广阔的创新思路和方向。相信在 Bose sleepbuds 的指引下，兼美貌与实力于一身的隔声耳塞将会早日问世。

本文作者：
国家知识产权局专利局
专利审查协作北京中心外观部
王艳红　白露苹

12 专利咖教你"双十一"买护肤品的正确方法

小赢说：

随着消费者认知水平不断提高，护肤品中的活性成分越来越受到关注。怎样买到有效又实惠的护肤品，这篇文章告诉你。

"双十一"购物节来了！平时"骄傲"、从不轻易打折的大牌护肤品，在购物节期间纷纷打出"年度最低价""错过一次等一年"的口号，精打细算的小赢也快要禁不住诱惑了！

"双十一"购物虽然便宜，但钱还是要花在刀刃上！在精打细算的小赢看来，华丽的包装、煽情的文案通通不重要，成分表才是必须要研究的！雅诗兰黛公司明星产品"小棕瓶"更新到第六代依然长盛不衰，并维持不菲的售价，除产品直接成本、包装、广告以外，研发成本占比很高，这从公司的专利申请方面可见一斑。因为一款产品、一件专利的背后通常包括对活性成分严格的安全性验证，细胞、动物、人体的多级效果试验，确定合适剂型、辅料的制剂试验等，可能花费数年才能走向市场。企业为之付出高额的研发费用，但往往也能收获不错的口碑和忠实的拥趸。

还有哪些专利成分已经应用在护肤品中呢？想用上这些护肤品是不是一定要含泪"剁手"？身为一名知识产权人的小赢想到，从专利文献中记载的有效成分入手找到相关专利产品，不失为一个新思路。今天小赢就来无私分享一下研究成果，让大家买得明白、买得放心，买得实惠！

专利成分一：玻色因

很多爱美人士知道"玻色因"这个名称都是因为大名鼎鼎的赫莲娜"活颜修护舒缓晚霜"，也就是俗称的"黑绷带"这款产品。之所以有这样的绰号，是因为其号称"能够促进表皮重建过程，减少水分流失，像绷带一样为皮肤提供屏障，具有御龄抗衰奇效"，广告宣称功效是由于添加了高浓度玻色因（羟丙基四氢吡喃三醇/C-β-D-吡喃木糖苷-2-羟基丙烷）所致。

小赢检索了相关专利文献后了解到，玻色因是一种提取自山毛榉树树皮的天然成分。在授权的美国专利 US7732414B2 中记载，玻色因能刺激人体真皮中葡萄糖胺聚糖（GAGs）生成，而后者是皮肤中保存水分、支撑表皮、维持弹性的重要组成成分。随着年龄的增长，人体自身合成 GAGs 的能力逐渐下降，皮肤随之失去弹性，出现松弛、皱纹，玻色因恰恰能够通过促进 GAGs 生成而弥补这一不足，有效预防皮肤衰老，甚至对已经形成的干纹、细纹也具有改善作用。这么厉害的成分，很心动是不是？但价格嘛（见图1）……

我们再看看上面那件专利的申请人，咦，欧莱雅？（见图2）

修护愈颜 卓效抗老

黑绷带面霜 50ml

¥3480

图1　"黑绷带"面霜宣传图①

(12) **United States Patent**
Dalko et al.

(54) C-GLYCOSIDE COMPOUNDS FOR STIMULATING THE SYNTHESIS OF GLYCOSAMINOGLYCANS

(75) Inventors: **Maria Dalko**, Gif-sur-Yvette (FR); **Lionel Breton**, Versailles (FR)

(73) Assignee: **L'Oreal S.A.**, Paris (FR)

图2　US7732414B2 著录项目

凭借小赢对护肤品市场的了解，欧莱雅集团旗下有多个子品牌，包括最早发现玻色因的兰蔻实验室，以及原本为独立品牌、后被收购的赫莲娜。对于玻色因这样一种突破性抗衰成分，欧莱雅集团相当重视，将它应用到顶级品牌赫莲娜中。有没有可能在欧莱雅集团其他品牌高端产品中也添加有玻色因呢？

果然，小赢发现，兰蔻作为玻色因的发现者以及欧莱雅集团最重要的护肤美妆品牌之一，其"新黑金臻宠""新菁纯臻颜"等高端系列护肤品中也添加了玻色因。

既然玻色因能够在同一集团的不同品牌产品应用，按照这个思路，欧莱雅集团可是有"巴黎欧莱雅"这个"亲闺女"呀！经过小赢的研究，早在几年前，巴黎欧莱雅推出的"复颜光学嫩肤抚痕精华乳"中就使用了玻色因，且含量排名在第5位，仅低于占比最大的水、保湿剂等基础成分。按照我国相关法律规定，化妆品组成中含量超过1%的成分必须按照含量由高至低依次列出，因此该款精华乳中玻色因的添加量相当高，而价格才不到300元！同系列日霜中也添加

---

① 图片来源：赫莲娜天猫官方旗舰店。

了含量不低的玻色因，性价比相当高。① 但是巴黎欧莱雅的"复颜光学"系列产品被不少消费者吐槽使用感不佳，容易"搓泥"②，目前已经停产。小赢推测，复颜光学系列虽然使用了玻色因成分，但可能基于品牌定位、成本等原因，并未配备相适应的制剂辅料和稳定技术，所以才会导致"搓泥"现象。

2018 年底，俗称"淡纹紫熨斗"的"欧莱雅复颜玻尿酸水光充盈全脸淡纹眼霜"上市，主打透明质酸复配玻色因，从小赢在身边的微观调查看反响不错，30ml 约 340 元的价格相对实惠（见图3）。将"透明质酸"与"玻色因"两者结合来发挥改善皮肤功效，这在欧莱雅公司的专利 EP2049077B1、EP1345919B1、FR2903001B1 等文献中均有记载，专利说明书描述了两种成分 1+1>2 的协同效果。

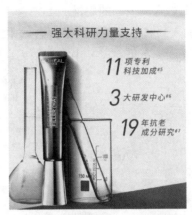

图3　"淡纹紫熨斗"宣传图③

相对于巴黎欧莱雅上一代"复颜"产品，从"紫熨斗"的成分表上分析，产品不仅复配玻尿酸提高去皱效果，而且取消了香精类成分，并将美白成分辛酰水杨酸替换为更温和的抗坏血酸葡糖苷、黑麦籽提取物。因此，在使用时肤应该更加舒适，这可能是有关使用感的负面评论相对上一代产品大大减少的原因。

其实欧莱雅集团还有不少含玻色因却相对"低调"的产品。集团旗下另一品牌科颜氏（Kiehl's）的"多重紧致修颜面霜"，玻色因同样占到成分表第5位。同品牌"新集焕白"系列，虽然主打美白效果，文案中也没有提及玻色因，实际上成分表里玻色因占到比较靠前的排名，可谓是美白、抗老一把抓了。药妆品牌杜克，长期以来的主打成分是维生素 C、E 复合抗氧化，在被欧莱雅收购、更名为修丽可后，先后推出了 30% 浓度玻色因的"紧致塑颜"精华霜以及玻色因含量在 10% 的"紫米精华"。这几款产品价格都比赫莲娜便宜多了，有对玻色因这个成分感兴趣的小伙伴，不妨试试这些产品。

在这里小赢还要提一句，虽然一些产品宣称"30%"添加玻色因，实际上护肤产品中通常水、醇类成分要占据极大比例，活性成分的添加量相对很小。玻色

---

① 赫莲娜"黑绷带"经典款的广告宣传中玻色因含量达 30%，巴黎欧莱雅产品中的玻色因含量没有公开。

② "搓泥"是指护肤品成分之间发生反应、不再能维持稳定形态的现象，比如在脸上结成条条、渣渣。

③ 图片来源：欧莱雅天猫官方旗舰店。

因提取自天然植物，在护肤品中以提取物整体形式添加，欧莱雅的多篇后续专利申请（如 US9421157B2）都提到：原料商供应的是含有玻色因的提取物，该提取物为 30% 浓度的溶液形式，并需要用溶剂按一定比例稀释。

以"黑绷带"为例，其进口化妆品备案信息中显示共含有 19 种原料（见图 4），原料 1 为含玻色因的料液，其中含水、丙二醇等溶剂，生产工艺更是规定了原料 1 是加入到其他多项原料的混合物中的，因此"30%"应当只是指含玻色因原料液的浓度，不是在产品中的终浓度。

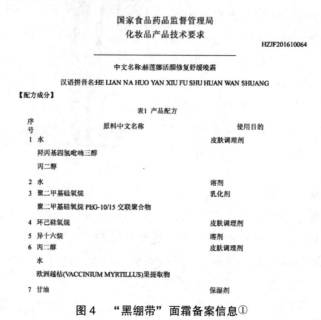

图 4 "黑绷带"面霜备案信息①

因此，似乎不必太纠结"高浓度添加"的宣传用语，但价格告诉我们，越贵的产品，活性成分含量一定越高！

专利成分二：4-甲氧基水杨酸钾（4MSK）

除了抗皱，美白也是许多小伙伴们孜孜不倦的追求，而美白最大的敌人就是紫外线！除了做好防晒以外，已经生成黑色素了怎么办呢？

在 JP3686772B2 中，株式会社资生堂验证了 4MSK 用于人体皮肤美白的效果，开启了资生堂从 2005 年至今以 4MSK 作为核心成分开发系列美白产品的时代。

---

① 图片来源：国家药品监督管理局活颜修护舒缓晚霜产品技术要求。

4MSK 能够通过多种途径阻碍黑色素生成，且具有角质剥除效果，能令已经出现黑色素的皮肤尽快更新。资生堂"光耀透白祛斑焕颜精华液"就是以 4MSK 美白效果为卖点的经典产品，目前已经更新到第三代，从最早的 4MSK 与传明酸相配，旨在针对痘印、色斑的局部美白，发展到复配白藜芦醇来增加抗衰效果，如今更添加了樱花提取物（见图5），凭借不同成分通过不同机制全面抗黑色素生成。

探寻樱花的美白奥秘

传承历年美白专研精神
资生堂不断创新突破
一举融合核心美白成分4MSK
"染井吉野樱" 珍萃
为肌肤引入美白源泉

染井吉野樱花

图5 "光耀透白祛斑焕颜精华液"宣传图①

这款精华的价格为 880 元/30ml，也是不便宜了。但是，如果小赢告诉你，资生堂另一产品线悦薇珀翡美白精华液添加 4MSK，价格高达 1320 元/40ml，而资生堂旗下"贵妇"品牌肌肤之钥的美白产品"光透白密集焕亮精华液"，主打成分也是 4MSK，价格为 1380 元/40ml，会不会觉得前面的价位还是可以接受的？

如果小赢再告诉你，资生堂还有两个平价品牌欧珀莱和姬芮（Za），这两个品牌的特点是采用日系配方，在国内生产线生产。其中，欧珀莱的"焦点净白淡斑精华露"，以 4MSK 配合传明酸，30ml 只需要 340 元；Za"透亮美白精粹化妆露"，同样以 4MSK 作为主要活性成分，复配多种植物提取物，150ml 超大容量，不要 998 元，只要 188 元！是不是觉得买到就是赚到！

围绕一个专利成分 4MSK，资生堂就推出了这么多不同价位的产品。小赢建议，如果你已经试过了一些美白成分，如维生素 C、熊果苷等，但效果又不太理想，不如考虑试试以 4MSK 为活性成分的产品。

鉴于水杨酸类成分本身具有促角质脱落效果（4MSK 属于水杨酸类成分：4-甲氧基水杨酸钾），并不一定适合各种肤质的人群，因此，从平价产品开始试用成分是否适合自己，是小赢推荐的一种实惠的方法哦！

---

① 图片来源：资生堂天猫官方旗舰店。

专利成分三：烟酰胺

前面已经介绍两个抗衰老、美白的成分，实际上还有一个成分兼具抗衰和美白效果——烟酰胺。

早在 1976 年，由联合利华公司申请并被授予专利权的英国专利（GB1533119A）中，就记载化妆品中添加 0.1%～10% 烟酰胺能起到亮白皮肤的作用。原理是烟酰胺能够截断黑色素生成的过程，并能加速肌肤新陈代谢，促进含有黑色素的角质细胞脱落。此外，烟酰胺还能促进胶原蛋白合成、增加肌肤含水率，起到抗衰老效果。

然而，烟酰胺原料中常有少量杂质烟酸，对皮肤有一定刺激性，因此用于护肤品时必须严格控制原料质量和浓度，产品配方和工艺也都要为此做出特别设计。

目前应用烟酰胺最出名的，在小赢看来当属宝洁公司。自 1998 年起，宝洁以烟酰胺为活性成分的护理产品在中国已申请百余件专利，旗下最大护肤品牌玉兰油几乎所有产品都有添加烟酰胺。在宝洁公司专利 ZL200480019861.9 中记载：将烟酰胺与天然来源的糖胺、能促进渗透的氨基酸衍生物、促胶原蛋白生成的五肽等成分相配合，以特殊载体制备为"油包水"型乳液，既能保障成分的稳定性，又带来良好肤感。基于该专利的"ProX 亮洁皙颜祛斑精华液"和"新生素颜金纯面霜"（俗称"淡斑小白瓶""大红瓶"，见图 6）是常年热销产品。

图6　玉兰油"淡斑小白瓶""大红瓶"产品①

小白瓶精华 30ml 价格为 300 多元，面霜 50g 只要 200 元左右，玉兰油本身定价就比较平实了，难道还能找到更便宜的产品吗？

宝洁旗下还有一个收购来的护肤品牌，就是大名鼎鼎的 SK-II。SK-II 的主打成分是酵母提取物 pitera，这是一种特定酵母的发酵物，目前没有在 SK-II 以外任何一个品牌中使用。但是，SK-II 常年热卖的美白产品"肌因光蕴环采钻白

---

① 图片来源：玉兰油天猫官方旗舰店。

精华露""肌因光蕴祛斑精华露"（俗称"小灯泡""小银瓶"），活性成分是在 pitera 基础上添加烟酰胺。与单纯以 pitera 为活性成分但并未特别宣称美白作用的"神仙水"相比，美白效果绝对少不了烟酰胺的功劳，这款产品不仅外观像灯泡，据说更能让使用者肌肤亮白，如同人群中的一道光一样。价格嘛，30ml 要 1040 元了。

怎么样，虽然小赢没有找到比玉兰油更便宜的产品，但是，如果 SK-II 想要美白都要用到同样的成分烟酰胺，是不是觉得买平价品也挺实惠呢？

在此也要提示一下，烟酰胺可能导致皮肤不耐受情况。如果想使用这个成分保养皮肤，不妨先试试浓度低以及相对平价的产品吧。

专利成分四：二裂酵母溶胞提取物

前面列举了三个大型集团旗下高端及平价产品的替代选择，小赢想起来，开头举例的雅诗兰黛也是个多品牌的集团啊！那么雅诗兰黛"小棕瓶"有没有平价替代产品呢？

首先，雅诗兰黛集团的护肤品牌就没有太平价的，除雅诗兰黛以外，集团成员还包括以贵出名的海蓝之谜（La mer），以及产品定位与雅诗兰黛不同但价位差不多的倩碧（Clinique）和悦木之源（Origins）。

不过，二裂酵母溶胞提取物这个成分并不是雅诗兰黛的专利成分，而是原料供应商德国 CLR 实验室的独有成分。尽管现在市面上涌现出很多号称添加二裂酵母溶胞提取物的护肤产品，但是"二裂酵母"只是一种统称，不同原料供应商所用的具体菌种、培养方法并不一定相同，具体成分和功效也可能存在差异。

据说，CLR 实验室的二裂酵母溶胞提取物一度专供雅诗兰黛，由于"小棕瓶"销量太好，兰蔻后来也获得了原料商的供应，将二裂酵母溶胞提取物复配了另一种酵母提取物，于 2009 年推出了竞品精华肌底液"小黑瓶"，这款精华的定价为 760 元/30ml。

但是大家记得小赢前面说的么，兰蔻是欧莱雅集团的，而这个集团家里还有"亲闺女"！确实，巴黎欧莱雅于 2017 年推出了一款"青春密码黑精华"，号称添加高纯度二裂酵母发酵物，推出后就成了热销款。

小赢特地比对了两款精华，发现"黑精华"与"小黑瓶"的组成还是很相似的！而这款精华正价 350 元/50ml，并且经常能以 200 元出头的活动价买到。基于小黑瓶在前的研发经验，以及非常相似的成分表，这款精华看上去相当靠谱，可以作为"小黑瓶"的平价替代产品来尝试使用。

总结

　　大牌护肤品之所以贵，核心成分的作用不容忽视，但同一集团内部往往有"共享技术"的做法。认准产品核心成分，寻找同一集团下使用相同成分的其他产品，不仅能享受到先进的技术，更能节省大把银子！

　　不过，化妆品的功效和技术水平绝不体现在活性成分这一个因素上，活性成分的复配、基质组成、原料等级、促渗透技术、稳定工艺、防腐、产品肤感乃至调香，每一方面都需要精心设计和大量试验，也都会体现在真金白银的价格上。在选定一种活性成分的前提下，平价产品不失为昂贵产品的一种替代选择。小赢还是推荐大家根据自己的肤质和预算，选择最适合自己的产品。

本文作者：
国家知识产权局专利局
专利审查协作北京中心医药部
曹寅秋

13 抗流感神药源起八角茴香，是真的吗？

小赢说：

这几年冬天的流行性感冒令我们记忆深刻的，除了"流感下的北京中年"之外，还有抗流感神药磷酸奥司他韦。之前，小赢已经向大家介绍过磷酸奥司他韦的今生，这回小赢和大家聊聊磷酸奥司他韦的前世。

每次世界范围内流感大暴发，磷酸奥司他韦都会成为家喻户晓的抗流感神器。奥司他韦的前身是化合物 GS4104，是由吉列德科技公司研发的，生产权和销售权于 1996 年转让给罗氏公司。罗氏公司在临床实验结束后于 1999 年向 FDA 提交申请，其后把 GS4104 正式命名为达菲。2005 年以后，随着禽流感的蔓延，罗氏授权许可上海医药集团和东阳光集团生产，上海医药集团生产的商品名为奥尔菲，东阳光集团生产的商品名为可威。

八角茴香抗流感？

吉列德公司研发时使用的原料为奎宁酸。由于当时奎宁酸来源不稳定，罗氏公司的研发团队利用莽草酸替代了奎宁酸，而莽草酸来自中国的传统药用植物八角茴香的豆荚。看到这里，是不是会想到八角茴香能抗流感？放心，有相同想法的不是你一个人！

2005 年禽流感暴发的时候，某些媒体宣称达菲系提炼自中药八角茴香的化合物经过精炼而成，由于中国八角茴香供不应求，导致达菲产能受限。此说法的流传造成大陆和台湾一些民众抢购八角茴香以应对可能到来的禽流感。

从莽草酸到最终的成品要经过十几步复杂的化学反应：莽草酸先要与乙醇成酯得莽草酸乙酯，丙酮保护得到 3,4-O-亚异丙基莽草酸乙酯，经甲磺酰化，缩酮交换，接着三乙基硅烷、四氯化钛立体专一性还原开环，环氧化，叠氮化钠开环，再次甲磺酰化，接着经 Staudinger 反应得到关键中间体氮丙啶，再用叠氮化钠开环，氨基乙酰化，还原叠氮基为氨基的奥司他韦，再与磷酸成盐得到磷酸奥司他韦。[①] 也就是说，原料和制作后的药品不同，其作用更不相同，因而仅作为原料的莽草酸并不能起到抗流感病毒的作用。

莽草酸来源

世界上 80%~90% 的八角茴香生长在中国西南地区，主要集中在广西壮族自治区和云南省。据统计，中国 66% 的八角茴香用来生产达菲。从八角茴香的种子中提取和纯化莽草酸是一个高投入的过程，大约用 30kg 八角茴香才能生产出 1kg 莽草酸，所得到的药物也仅够一个人使用。由于全球范围内流感暴发，使得奥司他韦需求量飙升，导致八角茴香短缺，仅仅利用植物提取法使得莽草酸供不应求。化学合成法虽然在产率及纯度上有着明显优势，但由于原料来源有限、化学废弃物等问题使该方法没有得到广泛的生产应用。合成生物学家和化学家加大力度利用大肠杆菌开发替代生产路线，到 2012 年，罗氏公司生产的达菲所需莽草酸主要依靠微生物发酵过程。[②]

莽草酸制备相关专利申请

1. 罗氏公司莽草酸制备相关专利申请

虽然罗氏拥有奥司他韦的生产权和销售权，但是罗氏后续相关专利申请也主要围绕磷酸奥司他韦的合成过程进行布局，鲜见微生物发酵制备莽草酸的专利。值得注意的是，罗氏的这些专利具有中国同族，可见罗氏非常注重在中国的专利布局（见图 1）。

目前主要有两种不同策略用于莽草酸的菌种构建：第一种通过剔除莽草酸激酶基因来阻断莽草酸合成 S3P 的反应，从而达到积累莽草酸的目的；第二种是通过 EPSP 合成酶失活来切断 S3P 之后的芳香氨基酸的合成途径，使中间产物 S3P 积累转化形成莽草酸。[③]

微生物发酵合成莽草酸的主要相关专利目前主要分布在美国、日本和中国。

① 许军，等. 药物化学 [M]. 北京：中国医药科技出版社，2014：132.
② 王艳杰，等. 全球生物剽窃案例研究 [M]. 北京：中国环境出版社，2015：285-287.
③ 王玉炯，等. 发酵工程研究进展 [M]. 银川：宁夏人民出版社，2007：216.

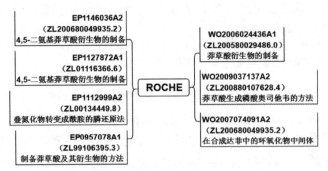

图 1　罗氏公司莽草酸制备相关专利申请

2. 美国莽草酸制备相关专利申请（见图 2）

美国早期研究团队是密歇根大学的 John Frost 实验室。John Frost 教授在 2005年创办了一家小型公司 Draths Corp，用来生产化工、制药、食品行业的必需原材料，其中包括莽草酸。Frost 和他的共同发明者 Karen Draths 申请的利用大肠杆菌生产莽草酸的专利后来授权给了罗氏。2011 年 11 月，Draths Corp 和其知识产权被美国的合成生物公司阿米瑞斯（Amyris）收购。[①] 从美国莽草酸相关专利分布图来看，密歇根大学在大肠杆菌基因重组方面专利申请较多，从 1999 年持续到2004 年。近年来，其研究重点集中在产物分离提取效率和生物合成系统构成等方面。尤其是最近的申请 US2016176799，其使用的许多溶剂是生物基的并且可以容易地再循环，且不需要相转移催化剂来提取莽草酸。该实验室将部分专利授权给了罗氏，罗氏莽草酸的生产技术部分依靠 John Frost 实验室的技术研发。[②]

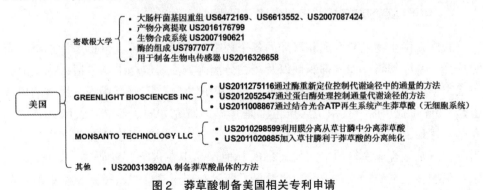

图 2　莽草酸制备美国相关专利申请

2009 年开始，Greenlight Biosciences Inc. 开始提出微生物发酵生产莽草酸的相关专利，其中两件专利申请是通过基因编辑或蛋白酶处理控制代谢通量的方

---

①②　王艳杰，等. 全球生物剽窃案例研究 [M]. 北京：中国环境出版社，2015：285-287.

法，一件专利申请是通过结合光合 ATP 再生系统产生莽草酸的无细胞系统，都属于较新的研究方向，值得关注。

3. 日本莽草酸制备相关专利申请（见图3）

日本制备莽草酸相关专利主要集中在东丽株式会社和味之素株式会社。虽然这两家公司均不是制药企业，但是其研究时间均早于美国密歇根大学 John Frost 实验室。由于莽草酸是芳香氨基酸共用合成途径中第一个分离并鉴定到的化合物，这条途径被称为莽草酸途径。而味之素和东丽都是世界上生产氨基酸的巨头，其具有深厚的研究基础也是情理之中。并且东丽在提高产率上不仅局限于现有的基因编辑研究集中点，还研究了在发酵过程中加入一些特殊物质（例如 JP2000232894 加入过渡金属等）。

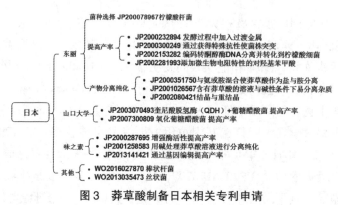

图3　莽草酸制备日本相关专利申请

4. 中国莽草酸制备相关专利申请（见图4）

我国在微生物发酵合成莽草酸的各个环节均有研究成果，包括菌种选择、碳源选择、基因编辑、加入抑制剂以及产物分离等方面。但是主要申请人都是研究院或大学，药企的申请仍旧相对较少，仅有莱茵生物、上海海泰等。最早的申请也是 2006 年提出的，技术切入点也都是常见的研究方向。目前，大肠杆菌的研究已经达到了工业化生产水平，相似地，除了应用代谢工程生产莽草酸之外，作为芳香氨基酸合成途径的中间代谢物的其他产品也在进行开发研究，如奎宁酸、原儿茶酸、儿茶酚、没食子酸和焦没食子酚等。利用莽草酸途径开发生产新产品的范围正在不断扩大。

莽草酸途径的合成生物学研究的最终目的是以工程学的思想设计莽草酸合成途径，以大量的元件库为基材，通过功能模块进行组装与底盘细胞优化，最终获得高效生产莽草酸或其相关衍生物的微生物菌株。① 我国在菌种选择和基因编辑方面已有一定的专利储备，但菌株的编辑优化、分离纯化、莽草酸产量提升等仍旧是研究的重点方向。

图4　莽草酸制备中国相关专利申请

如何正确使用奥司他韦

说完专利，回到我们关心的流感话题。八角茴香起不了作用，还是得吃奥司他韦。既然是神器，是不是得了流感就得吃呢？来看一下权威的流感诊疗方案。

《流感诊疗方案（2018年版）》中推荐重症病例的高危人群，应尽早使用奥司他韦治疗，包括：年龄<5岁的儿童（2岁以下更易发生严重的并发症）；年龄≥65岁的老年人，以及伴有以下情况或者疾病的患者，如慢性呼吸系统疾病、心血管系统疾病（高血压除外）、肾病、肝病、血液系统疾病、神经系统及神经肌肉疾病、代谢及内分泌系统疾病等；肥胖人群；妊娠及围产期妇女。其他非高危人群，发生严重并发症的风险相对低很多，服用奥司他韦可以缓解症状，缩短病程，不服用大多数也会自愈。

对于奥司他韦的预防作用，《流感诊疗方案（2018年版）》还提到，抗流感病毒药物预防不能代替疫苗接种，只能作为没有接种疫苗或接种疫苗后尚未获得免疫能力的重症流感高危人群，以及接触过疑似流感病人或者近期去过公开的疫情场所人群的预防措施。So，千万不要盲目用药！

---

① 刘畅，等. 莽草酸合成途径元件库：现状与未来 [J]. 生物产业技术，2015：20-29.

小赢给大家总结一下重点：

（1）奥司他韦对普通感冒无效，仅对甲型流感和乙型流感有效。

（2）预防流感，流感疫苗是最有效的手段，奥司他韦不能替代流感疫苗。

（3）没有接种疫苗或接种后还没有免疫力的重症高危人群以及接触过流感患者或者去过疫情场所的人可以使用奥司他韦预防。

（4）感染流感的孕妇和哺乳期妇女可以使用奥司他韦。

感染后最好的办法就是去看医生。

本文作者：
国家知识产权局专利局
专利审查协作北京中心材料部
殷实

14　简易炫酷的"钢铁侠"飞行服

小赢说：

　　44 万美元的售价，3 次学习即可实现自由飞行，设计者的初衷竟是"好玩"——这款由英国 Gravity Industries（下称"英国重力工业公司"）研发的神秘钢铁侠战衣在 2018 年可谓赚足了眼球。Richard Browning（下称"理查德·布朗宁"，见图 1）真正化身为能让你帅到"飞起"的男人。

图 1　理查德·布朗宁飞行展示图①

　　迷你推进器、燃料包、带显示屏头盔，这款 Jet Suit（下称"飞行服"，见图 2）在外貌上并拥简易和炫酷两大优点，颜值极高。该飞行服不仅相貌出众，实力更不可小觑。虽然只有 5 个迷你推进器，却拥有 1050hp（1hp＝745.7W）的动力系统，时速约 51km，最高可飞行至 3657m 的高空。相较于其他现有的飞行设备而言，理查德·布朗宁的飞行服为飞行提供了一种新奇的体验，它没有传统的机翼和笨拙的发动机，更无需特别复杂的操作方式。整个飞行服就像一个小型铠甲，仅需两端控制手柄进行操控，使得普通人也可以在接受一定培训后自由飞行。

---

① 图 1、图 2、图 4、图 5 来源于英国重力工业公司官网：https://gravity.co/。

图2 飞行服（Jet Suit）展示图

奇思妙想，看飞行为何如此简单

这么优秀的飞行服由何而来呢？小赢通过专利检索发现，英国重力工业公司早在2017年2月22日就以"A Flight System"（GB2559971A，见图3）向欧洲专利局申请了专利。根据公开文件的内容可知：整个飞行系统依靠后背的燃料包提供能量；在背部以及手臂两侧分别设有推进器为飞行提供推进力；前胸的部位设有整个系统的总控制单元；手臂臂筒内部各有一个控制手柄，飞行者抓住控制手柄来制动；头盔带有显示屏，可以显示燃料余量、涡轮转速、飞行速度等信息；连接各部位的铰接架用来限制飞行者在预定范围内活动手臂，并实现安全飞行。

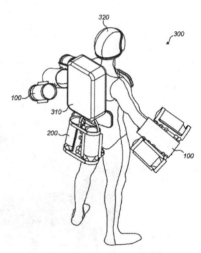

图3 GB2559971A说明书附图

问题来了，这样看似简单的装备可怎么飞呢？在整个系统中，外界机械力产生一个推力，飞行者以自身力量来控制、平衡这种推力。在飞行过程中，向上飞要依靠全身的推进器；向前飞依靠飞行者后腰部的推进器；向水平方向飞则需要通过调整手臂上的推进器与身体的角度来实现。挥挥手臂就能飞，是不是很神奇？

精心打磨，让飞行随心所欲

根据技术内容以及产品研发过程可知，英国重力工业公司最新发布的这款飞行服就是在上述飞行系统的基础上衍生而来。从发明方案到实际产品，一件神奇战衣的诞生可没有那么顺利。英国重力工业公司采用 3D 打印技术，从打磨第一个推进器开始，在不断的尝试和改进中寻求推进器的数量及飞行服重量之间的最优值，以此提高飞行服与人体自身的融合性，减少飞行服的束缚，扩大人体可操作范围，提升人体灵活性，增强飞行体验。

根据英国重力工业公司在官方网站宣传以及售卖的情况来看，现有的飞行服成品根据发明方案调整了后腰部推进器的位置及数量，并在整体造型上做了优化，减少厚重感的同时使推进力更加均匀，使飞行服本身变得更加轻盈、稳定、安全，能够做到让我们通过挥动双臂，以更接近鸟儿的姿态，轻盈地、随心所欲地飞翔（见图 4）。

如果想要操控如此帅气的飞行服自由飞行，是不是会有极高的要求呢？对此，发明人理查德·布朗宁在采访中表示，这款飞行服易于控制的

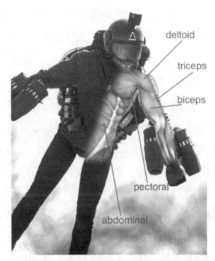

图 4　使用飞行服期间人体发力部位展示

重要原因就是依靠了人类天生的平衡能力，因此只要能在不平坦的地面跑动，就可以驾驭它。所以，小伙伴们放心吧，可以飞。

如此新奇的物件，英国百货公司 Selfridge 曾限量售卖 9 套，早就被大佬订走了。但不用着急哦，小伙伴们可以通过英国重力工业公司的官方网站线上预定属于自己的飞行服并体验相关飞行课程，像图 5 中的这位朋友。当然也可以到 Selfridge 的线下门店进行 VR 体验，享受飞行的第一视角。

图 5　飞行爱好者在重力工业公司体验飞行

不断超越，实现人类飞行梦想

虽然这款飞行服如此优秀，也有不完美的地方。比如，昂贵的造价、较大的噪声，以及为满足轻盈等条件导致的燃料受限，仅能飞行 5～10min。对此，英国重力工业公司未曾止步，理查德·布朗宁的实验室仍不断传出更新动态。在线下，他们开展了接二连三的巡演，并通过筹集资金来推动产品性能优化，以降低成本，提高飞行服的实用性。

正如英国重力工业公司在官方网站的宣传所讲："我们正通过一套正在申请专利的技术来增强人类的身心以实现人类飞行的梦想"。理查德·布朗宁所带领的重力工业公司正在用行动将技术创新的点子变成看得见、摸得着的技术成果，并且仍旧在不断的创新中提高产品的可推广性和适应性。当我们看到理查德·布朗宁热情地介绍并展示他所研制的飞行服时又可曾想到，一切仅源自儿时他对飞行的向往，而一个看似普通的渴望却在他的不断坚持中一点点变成现实。

人人皆可创新，创新惠及人人。我们国家正在从制造大国向创新强国不断迈进，若想实现创新强国的梦想，科技成果转化可谓重中之重。国家每年出台诸多政策鼓励各行各业的从业人员从本职工作出发参与到创新中来，更是不断强调科技成果转化在创新强国中的重要性。小赢认为，大型企业对自己行业领域的科技创新及成果转化早已有完善的发展规划，而小微企业受到资金成本、人才成本的限制导致缺乏创新驱动力以及成果转化能力。对于该类企业，完全可以借鉴理查德·布朗宁的发展经验，充分利用新兴技术以及新媒体传播的优越性，抓住消费者对个性化服务和新型产品追求的特点，降低生产成本的同时通过线上线下推广、提供高端定制服务等多渠道进行资金融合，进而达到成果转化、成果再创新的目的，在创新强国的发展道路上迸发力量、绽放光彩。

本文作者：
国家知识产权局专利局
专利审查协作北京中心外观部
白露苹　王艳红

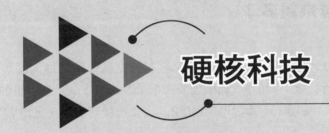

第三章

硬核科技

15 手机摄像头要多少才够用?

小赢说:

　　相隔 8 天,华为和苹果分别发布了各自的高端手机。两款新机不约而同对摄像头进行升级。在消费需求的深度渗透下,手机厂商正在不断刷新着以摄像头为基础的智能硬件效能,甚至有人说,"这是一场摄像头之战"。

摄像头越来越多了

　　两年前,当后置双摄像头手机刚刚流行时,小赢曾发表过深度解读的文章《一个摄像头不行,就用两个》。而刚刚发布的 iPhone11 Pro 系列手机的后置摄像头则增加到三个(见图 1)。华为 Mate30 Pro 更是增加到四个(见图 2)。

图 1　iPhone11 Pro 系列手机的后置摄像头①　　图 2　华为 Mate30 Pro 手机的后置摄像头②

　　您是否会有这样的疑惑:摄像功能的提升是靠摄像头数量的堆积吗?

---

① 图 1、图 9 来自苹果官网:www.apple.com。
② 图 2、图 3、图 12 来自华为官网:www.huawei.com。

技术叠加

今天，小赢就试着回答一下。摄像头数量的简单堆积显然是不完全的，更确切地说应该是强大的技术叠加。回答这个问题，我们还要从华为 P20 Pro 说起。

1. 华为 P20 Pro

华为 P20 Pro 手机于 2018 年 3 月发布，其后置三摄像头由上至下分别采用了 800 万像素彩色长焦摄像头、4000 万像素的广角彩色主摄像头和 2000 万像素广角单色（黑白）副摄像头（见图 3）。

根据上述信息，小赢检索到了一件来自华为公司的 PCT 国际专利申请（WO2019/006762A1，见图 4），其中公开了"广角彩色+广角黑白+长焦"的后置摄像头组合模式。其工作原理是根据对场景、亮度、缩放比例的判断，选取相应的摄像头组合，以得到高质量拍摄图像。

图 3　华为 P20 Pro 手机的后置摄像头

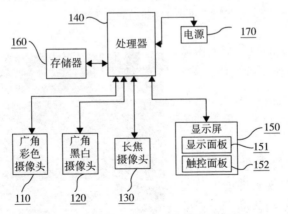

图 4　WO2019/006762A1 说明书附图

根据上述专利申请中公开的内容，手机中的专用处理器（芯片）通过算法对拍摄场景进行识别，进而对摄像头进行选择，如远景三个摄像头共用，近景只用两个广角，缩放比例较大就用单个广角+长焦，缩放比例较小就用两个广角；

此外，还可以根据亮度信息决定拍摄较多还是较少帧图像进行融合，以此来平衡亮度对信噪比的影响。如果亮度较高，无须采集较多图像即可得到足够有效信息，采集较少帧图像即可。当然这里的各种算法和适配的各种软件非常复杂，小赢就不一一赘述了。总之，同一款后置三摄像头手机，拍摄位置或缩放比例不同，其效果也不同。

2. 小米9

当然，同样是后置三摄像头，各大厂商的解决方案也不尽相同。例如，搭载广角彩色+人像+超广角摄像头的小米9（见图5）。

图5　小米9手机的后置摄像头①

小米9这款手机的一个副摄像头是一款1600万像素的超广角+微距镜头。所谓超广角，顾名思义就是视场角最大可达118°，能够带来更宽广的画面，即使在正常的单倍焦距也可将整面待摄对象尽收眼底，带来更强烈的视觉冲击力。雷军说，最直观的使用体验是，不用再踩上凳子拍大餐了（见图6）。

图6　超广角摄像头拍摄对比图

---

① 图5、图6来自小米官网：www.mi.com。

3. OPPO R17 Pro

有了超广角就够了吗？当然不是！4G 网络促进了直播、短视频业态的快速发展。5G 时代已经来临，以摄像头为基础的智能硬件效能必将继续向动态影像深度演变。在 OPPO R17 Pro 这款手机上，就搭载了可变光圈+景深+TOF 3D 这样的后置三摄像头组合（见图7）。

TOF 3D摄像头

F1.5/F2.4可变光圈摄像头

景深摄像头

图7　OPPO R17 Pro 的后置摄像头①

TOF 是 Time of flight 的简写，它支持更远距离的扫描，工作原理是通过不断向被摄物体发射光信号，然后通过摄像头接收到反射的时间来判断距离，通过距离信息获取物体之间更加丰富的位置关系，捕捉更多细节，得到很好的景深反馈，结合其他摄像头捕捉的内容来得到质量较高的照片，还可用来 3D 建模。

关于 TOF 摄像头在三摄像头组中的应用，在 OPPO 公司的实用新型专利（ZL201821048233.9）中已经有所记载：一种电子装置的摄像头组件中包括三个摄像头，其中一个摄像头为 TOF 摄像头。

4. VIVO iqoo

上面的三摄像头组合并没有穷尽。VIVO iqoo 这款手机又给我们带来了新的诠释：对焦的速度才是我的追求！广角彩色+双核+景深摄像头的组合会让对焦速度进一步升级（见图8）。双核对焦的对焦像素由两个完整的像素组成，而普通PDAF 对焦像素则是由遮蔽 1/2 面积的 2

图8　VIVO iqoo 的后置摄像头②

---

① 图 7 来自 OPPO 官网：www.oppo.com。
② 图 8 来自 VIVO 官网：www.vivo.com。

个像素组成。如果大家觉得这样理解有点抽象，不妨将两种对焦方式看作人眼视物，双核对焦就像是双眼视物，普通 PDAF 对焦是单独用左右眼视物。这就意味着单个对焦像素进光量提升了 100%，对焦的精准度和速度就会提升。

5. iPhone 11 Pro

再说回 iPhone 11 Pro，苹果公司首次采用了后置三摄像头（见图9）。三个摄像头的配置分别是：左上角是广角镜头，等效焦距26mm，光圈 F1.8，六片式镜头，OIS 光学防抖；左下角是长焦镜头，等效焦距52mm，光圈 F2.0，六片式镜头，OIS 光学防抖；右侧是超广角镜头，等效焦距13mm，光圈 F2.4，五片式镜头，视场 120°。

图 9　iPhone 11 Pro 的后置摄像头

苹果新手机产品的专利布局早在两年前便开始了。根据最近公开的苹果公司的 PCT 国际申请可以看出，在两年前苹果公司已经布局了 5 片式广角摄像头的相关专利（WO2019/083817A1，见图 10），以及 6 片式折叠长焦镜头的相关专利（WO2019/126516A1，见图 11）。

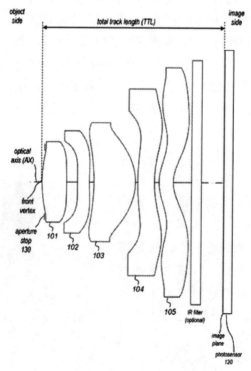

图 10　WO2019/083817A1 说明书附图

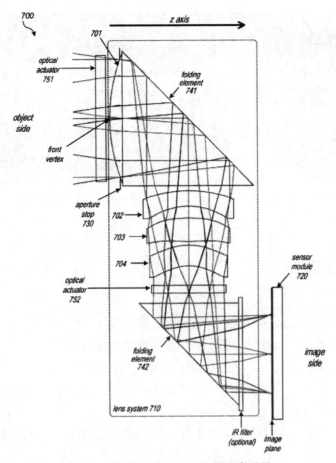

图 11   WO2019/126516A1 说明书附图

6. 华为 Mate30 Pro

如果说苹果每个摄像头都采用了 1200 万像素，其用料上都和主摄像头差不多，那么华为发布的 Mate 30 Pro 则把不同摄像头的功能性定位进一步强化。与 P20 Pro 相比，Mate30 Pro 不仅在主、副摄像头的功能上提升了不少，而且还多了一颗能够感知景深的 3D 摄像头（但有报道说这不同于 P30 Pro 搭载的 TOF 摄像头）。再结合 Mate30 Pro 强大的芯片算力，能够实现视频景深虚化、极暗光视频拍摄、4K 60 帧拍摄、4K HDR+拍摄以及 7680 帧慢动作拍摄（见图 12）。

图 12 在慢镜头下，每秒挥动超过 80 次的蜂鸟翅膀清晰可见

发展趋势

有人说苹果和华为开打的是一场关于摄像头的战争！那么回到文章开头的问题：未来摄像头是否会越来越多？摄像头是否越多就越好？

在摄影行业有句话叫"底大一级压死人"，意思就是说，感光面积更大，拍出的照片就更清晰、噪点更少。由于手机厚度的客观限制，摄像头无法很厚很大，那么手机厂商解决"底大"的方案就是多用摄像头。而且每个摄像头的焦距不一样，在强大的芯片算力支撑下利用每个摄像头的长处，就能够合成出效果更好的照片。

5G 时代来临，更快的速度必将带来对硬件更高的需求。在小赢看来，手机摄像头也将向单个功能更强大（变焦），以及整体数量上更多的方向上发展。

这不，诺基亚就已经推出了阵列式"2 彩色 +3 黑白"共 5 个后置摄像头的组合模式，通过一次拍照中 5 个摄像头各自获取的图像信息经过多帧图片合成以提升图片质量，让摄像头在数量堆积的道路上高歌猛进（见图 13）。

图 13 诺基亚手机的后置摄像头

5 个摄像头并非极限。小赢已经检索到了后置 9 个摄像头的技术方案（ZL201810531346.2，见图 14）。

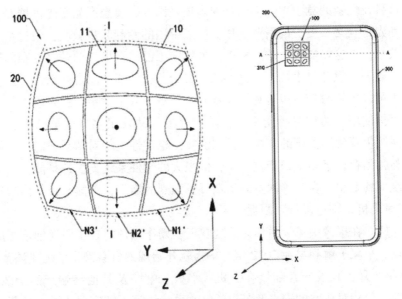

图 14　ZL201810531346.2 的说明书附图

还不够! 据说 LG 的某产品, 其背板密密麻麻嵌设 16 个摄像头 (见图 15), 看过之后, 小赢的密集恐惧症都要发作了。

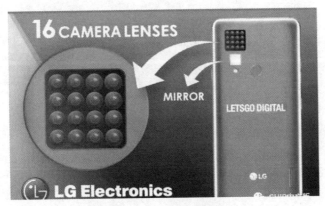

图 15　LG 手机的后置摄像头

展望

从后置单摄像头、双摄像头、三摄像头, 直到 N 摄; 从直线式、浴霸式、滚筒式、环绕式, 直到阵列式排列: 回顾手机后置摄像头的发展历史, 更像是回顾一部手机科技创新的竞争史。无论是国内还是国外，要想产品率先占据并站稳市场，专利先行是必不可少的商业操作。虽然中国的专利起步较晚，但进步之快却是有目共睹。在这场摄像头的竞争中，虽然中国已走在世界前端，专利的转化成果也十分显著，但针对手机这一世界最重要的科技竞赛产品之一来说，摄像头的竞争是否可以先暂时告一段落呢？毕竟并不是每个人都对摄像感兴趣。

就手机使用者的切身感受来说，国产手机虽然在很多方面早已不在他机之下，但系统仍要使用美国的安卓，且在流畅、稳定性上相对苹果还有些欠缺。即使苹果与各国存在诸多知识产权官司，但强大的软件系统支撑还是能让其独占鳌头。小赢不禁要想：在与美国贸易争端日益强烈的当下，美国是否会像禁用 mat-lab 一样对手机系统也进行限制呢？

很显然，在摄像头竞争白热化的现状下，操作系统的自主研发创新更应该是重中之重。小赢了解到早在 2012 年，华为就开始规划自有操作系统"鸿蒙"，并于 2019 年 8 月正式发布，陆续在手机、平板、电脑及其他终端产品全线搭载，实行开源，但相对成熟的安卓及苹果的 iOS 系统仍需不断完善改进。鸿蒙的诞生是否会彻底改变操作系统全球格局，接下来的科技竞争又会怎样？我们拭目以待！

本文作者：
国家知识产权局专利局
专利审查协作北京中心新型部
张瑞琼　乔佳琪　许晨曦

16　揭开"飞机拉烟"背后的秘密

小赢说：

　　"飞机拉烟"往往是阅兵式或航展中最"吸睛"的亮点。飞机如蓝天上的画笔，在广阔的天空中留下色彩斑斓的痕迹。飞机到底拉的是什么烟？它是如何产生的呢？让小赢带你去探索"拉烟"背后的秘密。

引言

　　在 2019 年举行的庆祝中华人民共和国成立 70 周年阅兵式上，壮观的彩色拉烟再度刷爆朋友圈。轰鸣的战机从天安门上方飞过，飒爽英姿配上五颜六色的烟带，在空中留下了浓墨重彩又绚烂至极的痕迹，为接下来的飞行表演拉开了绚烂的篇章。图 1 便是阅兵式上"八一"飞行表演队乘架歼 10AY 战机带来的精彩瞬间。

　　很多人一直以来的困惑是：飞机如何形成持续稳定的烟带？带着这样的问题，小赢试着在专利库中进行检索，原来拉烟剂可以分为固体拉烟剂和液体拉烟剂。

图 1　2019 年阅兵式上的
"飞机拉烟"表演

固、液体拉烟如何实现烟带稳定

1. 固体拉烟曾被广泛运用

　　固体拉烟的原理是将固体拉烟剂（烟弹）燃烧产生的烟雾喷到空中。成都飞机工业集团电子科技有限公司的专利 ZL201510343482.5[1] 中记载的固体拉烟器，就是为了解决烟带浓度受飞机飞行速度影响的问题。如图 2 所示，整流罩 1 将进入拉烟器的空气整流，前锥 5 对气流减速，气流再通过集气罩 7 引导后进入烟弹 8 的中心流道 13 内，形成流速稳定的气流，烟弹 8 燃烧后产生的烟雾在气流的带动下，从喇叭状喷口 14 喷出。利用这样的结构，就解决了烟带持续稳定的问题。

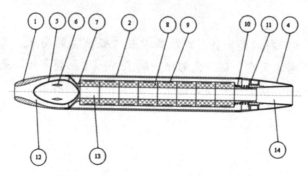

图2　ZL201510343482.5 说明书附图

2. 液体拉烟渐成趋势

通过上面的说明可以看出，固体拉烟通常是通过燃烧的方式产生烟雾。在对环保要求越来越高的今天，固体拉烟显然已经不适用了。如今，更多采用液体拉烟剂。液体拉烟的原理是将高沸点的液体拉烟剂注入高压容器，如拉烟吊舱或拉烟罐，其通常加挂在飞机机腹下，如图 3 所示。在需要拉烟时，液体拉烟剂通过喷嘴送入发动机出气口处，与发动机出气口处的高温气体混合，形成烟剂混合气[2]。混合气在空气中遇冷后会雾化，这也就形成了飞机拉出的"烟"。

图3　机腹下加挂液体拉烟吊舱①

曾经制约液体拉烟的一个问题是由于液体流动性，在上下翻飞的空中飞行特技表演中，喷出的烟浓度不稳定。为了解决这个技术问题，技术专家们提出过多种方案。成都飞机工业集团有限责任公司的专利 ZL201220673284.7[3] 中记载的就是其中一个：在拉烟吊舱内巧妙地设计了一个随地心引力变化而转动的烟剂导管，使烟剂导管始终在液体烟剂液面的下方，无论飞机处于何种飞行姿态都能保证烟剂的顺利喷出。

环保拉烟的关键——拉烟剂配方

固体和液体烟剂就先聊到这里，咱们再来聊聊白色和彩色烟剂。在小赢童年的记忆中，飞机只能拉出白烟。不知何时，飞机拉烟也变得五颜六色了。小赢查了相关的报道，拉烟剂也只是在近十几年间完成了从白色向彩色的过渡，从所使用的材料上也实现了从污染度高的油液向环保材料的转变[4]。

2011 年中国人民解放军空军油料研究所申请的专利 ZL201110274958.6[5]，公开了一种白色烟剂的配方，包括基础组分、改性组分、胶核、抗氧化剂、防锈剂以及抗泡剂。该拉烟剂有效地克服了传统化学拉烟剂对机身腐蚀的问题，还节约了成本。

近年来，有人说为了满足环保的需要，我国曾将食用豆油作为基材，配以各色染料制作彩色烟剂。但在使用中发现豆油在高温下会发生碳化以致阻塞喷嘴，因此有关单位还专门成立课题组要攻克代替豆油的基材。但很遗憾，在中文专利库中小赢并没有检索到相关彩色烟剂的配方，甚至没有检索到彩色烟剂的相关专利申请。在小赢看来，对于彩色烟剂的配方，也许更适合用技术秘密来保护。这可能是目前没有相关专利申请的根本原因。

不过，小赢相信，我国已经掌握了彩色烟剂的相关技术。有报道称，在巴基斯坦 2017 年国庆日阅兵式上，前去助兴的我国的"八一"飞行表演队使用的是最新自主研发的环保拉烟剂[4]。6 架歼 10 战机使用了代表中巴国旗上的红、黄、白、绿 4 种颜色的彩烟，上演了一部精彩绝伦的"空中芭蕾"（见图 4）[6]。

图 4 "八一"飞行表演队在巴基斯坦国庆日阅兵式上的精彩拉烟

总结与展望

1. 拉烟技术未来发展方向

在国庆阅兵式中，带宽稳定、色彩绚丽、持续时间久的飞机拉烟，给小赢留下了深刻的印象。此前的彩色烟带配方仅仅掌握在少数几个国家手里，一条自主研发的彩色烟带也能传达出国人自强不息的探索精神和精益求精的钻研精神。

期待随着我国拉烟以及战机科技的不断进步，小赢能看到我国飞行表演队为我们带来更大载荷、更高强度、更大动作、更加绚丽的飞行表演。这将促进拉烟装置本身向着轻量级、小型化方向发展。同时，也将出现更丰富的色彩调配和实现技术以满足观众不同的视觉需求。

2. 拉烟技术在民用领域存在广阔应用前景

未来随着无人机技术的不断发展，拉烟技术也将更多关注于拉烟控制技术的研发和运用。拉烟技术本身除了应用在航展和阅兵式的战机表演中，在其他领域的应用也会相继出现并不断推广。例如，节日盛宴中，借鉴环保拉烟剂的配方制作出彩鞭或者礼炮，便可以呈现出颜色浓、持续时间久而且环保的烟带，同时还可借鉴拉烟技术中的不同颜色调配技术在天空中呈现更丰富的色彩。再如，拉烟技术也可广泛用于玩具领域，如携带轻量级拉烟装置且具有遥控功能的玩具飞机或无人机，喷出的烟带不仅环保安全而且观赏性强，一定能受到不少玩家的追捧和青睐。

小赢认为，重视拉烟技术军用发展的同时，关注军用向民用的转化，能迎来较大的商业价值。拉烟技术存在广阔的应用前景。期待更多研发者采用军民融合的创新方式，扩大拉烟技术的应用范围，促进技术的商业转化。

参考文献

[1] 成都飞机工业集团电子科技有限公司. 一种固体拉烟器：中国，204973247 [P]. 2015-10-14.

[2] 八一飞行表演队队长揭秘空中梯队液体拉烟系统：高温蒸汽 [N/OL]. http://roll. sohu. com/20150828/n419998943. shtml.

[3] 成都飞机工业集团有限责任公司. 高度集成的拉烟吊舱：中国，203094453 [P]. 2013-07-31.

[4] 揭秘阅兵空中梯队液体拉烟系统：烟剂绿色环保 [N/OL]. http://www. chi-

nanews. com/sh/2015/08-28/7495077. shtml.

［5］中国人民解放军空军油料研究所. 一种飞行表演用白色拉烟剂：中国，
102382708 ［P］. 2012-03-21.

［6］八一飞行表演队惊艳巴基斯坦 ［N/OL］. http://world. people. com. cn/n1/2017/
1122/c1002-29660446. html.

本文作者：
国家知识产权局专利局
专利审查协作北京中心光电部
向薇

17 华为外翻折叠屏手机背后的专利

小赢说：

　　华为终端有限公司（以下简称"华为"）出品的可外翻全面屏手机"Mate X"自 2019 年 11 月 15 日起公开销售了。虽然售价达到 16999 元，但是很快被一抢而空，"转手价"一度高达 5 万元。这款火爆的手机有什么新功能？它背后又有哪些最新的技术呢？

基本结构

　　与需要一块外屏的内折式的折叠手机不同，外翻折叠屏可以为手机节省一块显示屏的成本和能耗，同时整个手机也变得更轻薄，即使折叠后也只有 11mm，比以往产品的 17mm 要薄三分之一（见图 1）。

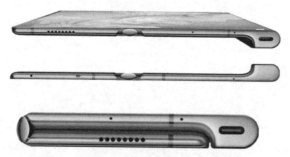

图 1　折叠和展开状态的产品厚度示意①

　　Mate X 采用双电池（2250mA·h×2）并联，在主、副屏下各藏着一块电池芯。两块电池可同时充电和放电。如果配以温度传感器，对于温度过高的电池则可减低充电电流以保障安全。②

---

①　图 1、图 10 来自 Mate X 手机官方销售网站：https://m.vmall.com/product/10086108539274.html#。

②　相关方案来自 CN110277813A 说明书。

显示方式

除了外形炫酷外，新的折叠结构也让手机可以具备新的显示和操作方式。根据折叠后的位置，手机屏幕分成始终不可弯折、保持平直的主屏和副屏，以及可以弯折的侧边屏（见图2）。根据需要，三块屏幕可以单独显示各自的内容（见图3），也可以相互配合，提升整体显示效果。手机的屏幕可以根据被弯曲的程度，自适应地调整界面的视角和倾斜度等，从而实现环幕视觉效果。让用户不管看向哪个屏幕位置，都感到自然。

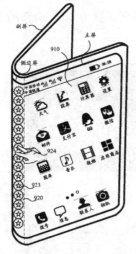

图2　CN110119295A 说明书附图

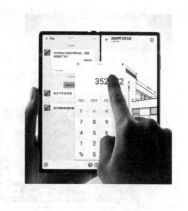

图3　分屏显示图①

在拍照时，可以同时在主备屏幕分别显示取景框和相册图库（见图4）。在给别人拍照时，可以把手机屏幕折叠成前后两面，让拍摄者和被拍摄者同时看到预览画面。自拍时，则可以把有摄像头的那个屏幕对着自己（见图5）。这样就可以用一个摄像头实现自拍和他拍，省去了前置摄像头的成本，同时也提高了自拍质量。

---

① 图3来自 Mate X 手机官网：https://consumer.huawei.com/cn/phones/mate-x-s/。

图 4　CN110401766A 说明书附图

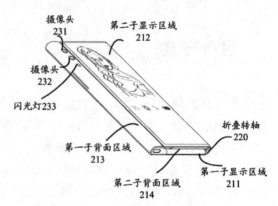

图 5　CN110290235A 说明书附图

在玩游戏时，程序可以根据柔性屏幕的打开或者关闭状态自动移动虚拟按键的位置（见图6），充分发挥双屏的优势。

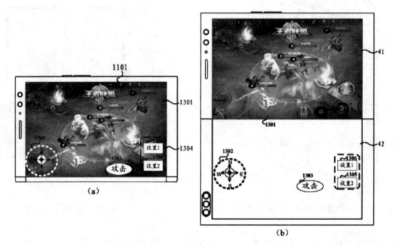

图 6　CN110389802A 说明书附图

折叠控制

通过屏幕上的光传感器、距离传感器、受力传感器，手机可以确定屏幕弯曲的时间、位置、方向、弯曲程度、弯曲速度等。这样，用户就可以通过折叠屏幕控制手机（见图7）。

早在 2013 年，华为专利就披露了可将屏幕的凹陷或者凸起的变化转换为地图 APP 中的放大或者缩小操作（见图8）。

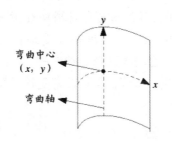

图 7　CN108475122A 说明书附图

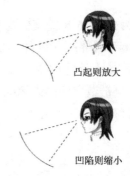

凸起则放大

凹陷则缩小

图 8　ZL201310354092.9 说明书附图

在接听视频电话后，用户如果弯折屏幕，可以让副屏显示接听电话之前的界面，使得突如其来的电话不会中断正在进行的球赛或者直播（见图 9）。

必要时手机屏幕也可以自己折叠以输出信号。在 ZL201210039549.2 披露的方案中，当手机中存在未读消息时，屏幕可以自己变成墨西哥肉卷式、火山隆起式、波浪状隆起式。这是通过激励信号来驱动记忆元件实现的。如果有 1 封、2 封、3 封未读短信，可以分别在手机右下角向上弯曲 45°、90°、120°。

图 9　CN110381282A 说明书附图

鹰的翅膀

折叠屏技术的难点，在于翻折和平铺两种状态下内屏会被拉伸或压缩，柔性屏幕容易因顶起或挤压而受到损伤。为了实现折叠后的紧密贴合，华为工程师们用三年时间原创了专用铰链——"鹰翼式"折叠链条，据称里面有 100 多个零件（见图 10）。

图 10　折叠铰链部分

华为在 2016 年提交的与 Mate X 的折叠效果相似的专利已经获得授权，其中通过滑槽和内部的支撑件实现折叠。在折叠或打开的过程中，滑块在滑槽里滑动，这样支撑件能够灵活地收缩或伸长，能够保护柔性屏幕不受损伤（见图 11）。铰链链节之间的齿牙啮合，使每一个链的运动轨迹都是确定的。支撑件在折叠和打开的过程中沿固定的轨迹运行，能够进一步降低柔性屏幕受损的概率。

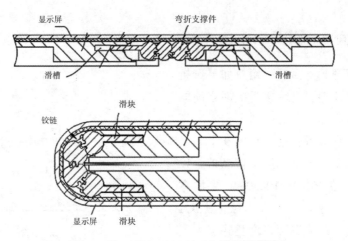

图 11　ZL201611022449.3A 说明书附图

另外，为了避免覆盖在手机背面的柔性面板料在手机闭合时被顶起或挤压，在折叠连接机构中可增加弹簧（见图 12），能收纳手机折叠时背面柔性面板被压缩的长度。

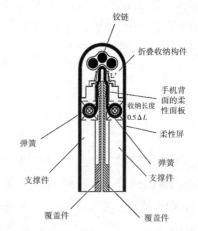

图 12　ZL201710114971.2 说明书附图

总结

小赢从基本结构、显示方式、折叠控制、鹰翼铰链几个方面分析了华为外翻折叠屏手机"Mate X"采用的技术，可以看到，随着柔性屏技术和铰链技术的日益成熟，新的手机结构已经带来了控制技术和显示技术的革命，也必将对图形用户界面的开发和用户的使用习惯产生深远的影响。

另外，由于篇幅所限，前面分析的专利和专利申请的申请人仅限于华为。经过初步检索，小赢发现在与折叠屏幕相关的中国专利申请中，主要申请人还包括VIVO、OPPO、格力、努比亚、联想、小米、三星等其他手机厂商，以及京东方、武汉华星光电等上游配件商。可见，国内市场上的各个主要手机厂商和部分上游配件厂商都已经加入了折叠屏幕终端这股浩浩荡荡的洪流之中，未来相关产品的竞争也必将日趋激烈。这些专利申请中的一大半已经被授予专利权。可以预见的是，未来相关产品间的专利大战很可能一触即发。上下游厂商在布局自己专利的同时，也必须做好相关产品全产业链的专利预警工作，否则很可能在专利的海洋中遭遇未知的法律"暗礁"。从技术领域分布来看，主要涉及手机结构、交互界面、显示屏等。从申请年代来看，相关申请量从 2018 年以来增长幅度非常明显。可见折叠屏幕相关技术仍是蓬勃发展的新兴技术，具备广阔的发展空间。

本文作者：
国家知识产权局专利局
专利审查协作北京中心通信部
张嘉凯

18 发光夹克衫中的专利技术

小赢说：

　　这款夹克被《时代周刊》评为 2018 年最佳发明之一，还被 WIRED 评为年度最佳运动装备。不仅是夜跑服，还是高科技玩具，想不想 get 一件？

　　对于喜欢夜跑、夜骑的小伙伴，一件夜光衣真正是既实用又炫酷的存在。而你们心中的夜光衣是图 1 这样的？还是图 2 这样的？NO！NO！NO！

图 1　夜光背带

图 2　LED 灯发光外套

随意作画的发光外套

　　今天介绍的这款夹克不仅能自发光，还能在上面涂鸦。白天看来，它仅仅是一件普通的浅灰色皮肤衣（见图 3）。强光下，面料看起来是半透明的，薄如蝉翼。而黑暗处它变身成一抹氪石绿（见图 4）。

图 3　Vollbak 发光夹克图片①

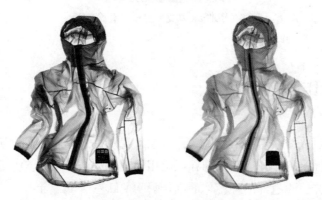

图 4　Vollbak 发光夹克图片

它来自于以黑科技著称的 Vollbak 公司。该公司的创始人 Steve Tidball，2001年毕业于诺丁汉大学，之后从事了 13 年的创意类工作，将包括戛纳、One Show、D&AD 在内的所有知名奖项收入囊中。2015 年，已然是业界大腕的 Steve 选择挑战未知领域——科技，带着他的小伙伴们成立了这家"以科技提高穿戴体验"的服装设计制造公司——Vollebak。

发光背后的科学

使夹克发光的核心技术在于面料的中间有一层磷光化合物层（见图 5），表层是半透明的网状物，防水、透气，这样有助于磷光化合物快速存储。包括太阳

① 图 3~图 6、图 11~图 13 来源于 Vollebak 官网：www.vollebak.com。

光、手电筒，甚至是手机的闪光灯的光线，并随着时间的推移缓慢发光 12h。由于磷光化合物位于织物的中间层，可以确保不被洗掉或擦掉。

图 5　Vollbak 发光夹克磷光化合物层

外套上作画的黑科技

外套面料对光线具有高敏感性，什么意思呢？这意味着你可以用手机的闪光灯对着外套表面进行创作，就好像在纸上用笔画画一样（见图 6）。它会立即吸收光线并开始发光，没有滞后性，你的创作瞬间便跃然"衣"上。

小赢搜索了相关专利，夜光衣并非 Vollebak 首创，早在 1992 年 EP0269542B1 已经保护了荧光纤维编织而成的徽章。我国江南大学在 CN102154824B 中提出一种夜光功能性织物的制备方法，采用稀土铝酸锶作为夜光粉，将其与增稠剂、黏合剂、固色剂混合后制得发光涂层浆，再将制得的发光涂层浆以 $60\sim70g/m^2$ 的涂覆量涂覆于织物表面，并于一定温度下烘焙，得到夜晚能够发出明亮光芒的功能性织物（见图 7）。

图 6　用闪光灯在 Vollbak 发光夹克上创作

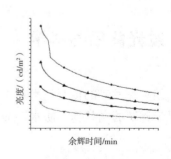

图 7　CN102154824B 说明书附图

日本奥亚特克斯株式会社在JP4523709B2中提出一种发光复合织物，采用含有铝酸盐化合物作为发光物质，衬料通过含有发光物质的黏合剂2设置在织物1表面上，使得不含发光物质的透湿性树脂有部分浸渍在含有发光物质的树脂层的透湿性部位5中，并在远离衬里材料的织物表面上设置保护层7（见图8）。该发光复合织物具有优异的发光度，在黑暗的地方具有良好的可见度，不会由于受到摩擦、污染而降低亮度，同时具有优异的透湿性。

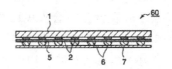

图8　JP4523709B2 说明书附图

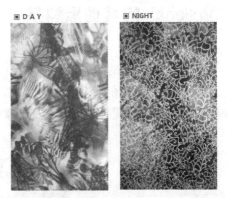

图9　KR10-2017-0025564A 说明书附图

此外，KR10-2017-0025564A 将玻璃珠作为色彩反射体，不仅能在夜晚发光，而且能显示出与白天不同的荧光图样（见图9）。

而近期的专利 ES2551759B1 中的长余辉磷光织物，采用掺杂有铕和镝的铝酸锶颜料作为染色组合物，与基础糊剂、黏合剂混合后，经多次循环干燥并聚合制备而成。由图10可看出，该长余辉磷光织物也仅具有 2~2.5h 的发光时长，距离12h 还任重而道远呢。

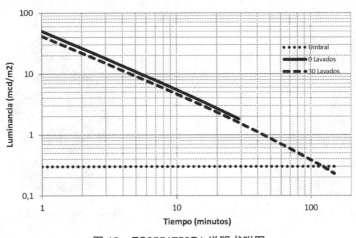

图10　ES2551759B1 说明书附图

然而，小赢并未搜索到具有高敏感性的磷光面料。也就是说，想要在外套上用手电筒画画，还是得向 Vollebak 献上你的钱包。这款外套官网售价 350 美元，折合人民币约 2400 元。而当你准备"剁手"时，发现官网状态——

嗯，没错，有钱没处买，说的就是它！

Vollebak 的其他黑科技

当然，这家公司的黑科技产品可不止这一款哦。还有这款刀枪不入、水火不侵、穿一百年都不坏的百年帽衫（见图 11），穿上它心率都能降低的、治愈系"我想静静"外套（见图 12），以及首款用诺贝尔奖材质制作的石墨烯外套（见图 13）。

图 11　Vollbak 百年帽衫

图 12　Vollbak 降低心率外套

图 13　Vollbak 石墨烯外套

可见，现在大众对于衣物的要求已经不仅仅局限于保暖、美观这么简单的要求了，更多是对于功能的要求。未来，基于新材料的发展，必然会有更多新奇的、携带各种黑科技亮相的服装。我国尚未出现与 Vollbak 类似的高科技服饰公司，小赢想，原因主要在于我国在新材料的创新方面仍有很大进步空间。而像本文介绍的 Vollbak 公司的荧光外套，并不是通过专利产品转化的，其采用的长衰减期高敏感性的磷光化合物仍属商业秘密，这也给竞争者造成了不小的创新难度。小赢衷心希望，我国也能有类似的高科技服饰公司，有朝一日能穿上我们自主研发的科技感满满的服装。

本文作者：
国家知识产权局专利局
专利审查协作北京中心
机械部　王斐
电学部　孔昕

19　盘点食物垃圾处理器中的专利技术

小赢说：

　　自上海、北京相继实施垃圾分类以来，全国掀起了垃圾分类的浪潮。面对纷杂的分类法，"懒人"想出了处理新思路。究竟是什么样的"神器"成为"懒人"的福音，小赢这就带你一探究竟。

　　2019年7月1日起，我国目前最严格垃圾分类的管理条例《上海市生活垃圾管理条例》正式实施。同时，住建部要求2019年在全国46个重点城市推进垃圾分类实施。随后，新修订的《北京市生活垃圾管理条例》于2020年5月1日起正式实施。垃圾分类逐渐成为人们关注的热门话题，随之垃圾分类技术也成为研究热点。

　　在社交媒体上，垃圾分类已成为近期热门话题之一。2019年上半年，国内两大热门综艺节目《奔跑吧》和《极限挑战》都不约而同地将首播主题锁定在"垃圾分类"上，把垃圾分类、环境保护推上热搜。根据《奔跑吧》节目显示，杭州市目前一天的垃圾产生量是1.2万吨，3~4年就可以将西湖完全填满。节目中还给出了一串直击人心的数字：苹果核的降解时间为2周，厚重的羊毛衣物为5年，易拉罐为200年，塑料制品为1000年，玻璃瓶达到了惊人的200万年！

　　可见，垃圾分类，势在必行！但是，一定还有不少人站在各色的垃圾桶前不知所措。上海市废弃物管理处"官宣"了垃圾分类投放指南。然而，面对如此详细专业的指南，很多人表示压力很大，能不能简单点呢？

　　当然可以！小赢教你21字垃圾分类口诀——

　　可回收物记材质：玻，金，塑，纸，衣；

　　有害垃圾记口诀：药（要）漆（吃）电灯；

　　厨余垃圾记原则：易腐烂，易粉碎；

　　其余是干垃圾！

　　如果大家觉得简易的分类口诀还是让自己脑袋发昏、不能提高垃圾处理的效率，那小赢只好使出最后的撒手锏——"懒人"必备"神器"之食物垃圾处理器。在2019年的"618""双十一"，食物垃圾处理器成为爆款产品。

但是，很多人对于食物垃圾处理器的使用还是充满了疑惑：它可以处理什么垃圾？会不会有危险？会造成下水道堵塞吗？下面小赢给大家一一解答。

食物垃圾处理器简史

1927年，世界上第一台食物垃圾处理器在美国诞生，这是美国发明家John W. Hammes在他的地下室发明设计的。当他看到妻子在晚餐后收拾肮脏的厨余垃圾时突然来了灵感：如果能把厨余垃圾研磨成微小的颗粒并从厨房下水道冲走该有多好。于是，这位宠妻好老公为解放妻子的双手、减轻妻子的家务负担，发明了第一台食物垃圾处理器。1935年，经过8年的设计改良，John发明的食物垃圾处理器获得了美国专利。1938年，他和他的儿子一起成立了爱适易制造公司，当年就生产并销售了50多台食物垃圾处理器。从此，食物垃圾处理器开始走进了千万欧美家庭的厨房，解放了无数的双手。

从专利申请角度来看，近几十年来，关于"食物垃圾处理器"的研究从未止步过，截至目前专利申请量达万余件。

其实，食物垃圾处理器并非"懒人"专用，而是一种环保理念的产物。目前，食物垃圾处理器已经在国外得到了较广泛使用，在欧洲的普及率达到了80%，而在美国则高达95%以上。可以说，食物垃圾处理器在欧美一些发达家几乎是每家每户的标配。尽管这个领域在国外已经有了很大发展，但在中国家庭中普及度不高。

食物垃圾处理器简介

简单来说，食物垃圾处理器就是一个安装在厨房下水处的粉碎机。原本要倒进垃圾桶的残羹剩饭，只需要倒进水槽里，按一下水槽边的按钮，食物垃圾处理器就会像破壁机一样将垃圾磨成小颗粒，随着水流冲走。厨房问题一键搞定，是不是很神奇？

1. 处理对象

作为食物垃圾处理器，它主要的处理对象自然是各种食物，如小骨头、鱼头、蛋壳、玉米棒芯、果皮果核、菜叶菜梗、咖啡渣、坚果壳、茶梗、残羹剩饭等。基本上各种厨余垃圾（注意是厨余垃圾，不是任何垃圾）都可以处理。

小赢要友情提示大家，一些顽固垃圾是不能被处理的，常见的主要包括：贝壳类、热油、动物毛发、牛奶盒、塑料纸或塑料袋、非食物垃圾等。

2. 安全设计

很多人，特别是有孩子的家庭，首先考虑的是安全因素：万一绞到手指怎么办？脑补一下搅碎垃圾，眼前全是刀片横飞的画面，是不是有些害怕？

其实不用担心，经过近百年的研究，现在的食物垃圾处理器的内部一般是无刀片研磨的安全设计，同时有过载保护，使用更安全、放心。例如，专利ZL200820156693.3的研磨部件包括可转动连接研磨盘的基座和位于基座上的凸台，使用时通过多棱角面冲击实现粉碎，没有利刃，非常安全（见图1）；专利ZL201490000603.5通过旋转粉碎器板组件的旋转，凸出部使食物垃圾压靠磨碎环的齿，以将食物垃圾磨碎成较小的颗粒物（见图2）。

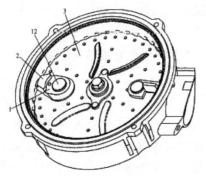 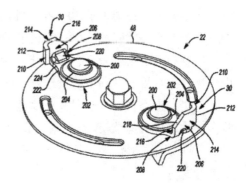

图1　ZL200820156693.3说明书附图　　　图2　ZL201490000603.5说明书附图

另外，最新的食物垃圾处理器几乎都带有防溅装置设计，防止处理过程中垃圾飞溅的同时，也可以防止孩子的小手意外伸入。

3. 避免堵塞

除了安全因素，很多人一定还有一个顾虑：会不会没粉碎完全的大颗粒慢慢积累堵住下水道？

根据大家反馈的日常使用体验，只要按照使用说明操作，基本上是不会堵塞的。例如，专利ZL201120088066.2采用破碎件、齿及凸出部的组合使用方式，能够在不提高磨碎速度的情况下，提高磨碎精细度。这样的设计，使进入下水道的颗粒更加细腻，确保下水一路通畅（见图3）。

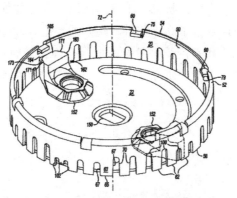

图3　ZL201120088066.2说明书附图

4．关键参数

看到这里，是不是有些心动呢？稍等，看完小赢的建议再选购也不迟。

（1）研磨能力。相同品牌：研磨的等级越高、研磨的精度越高，对垃圾的研磨效果更好，相应的定位和价格自然也越高。不同品牌：要从研磨盘构造、研磨锤数量、功率、转速等方面进行综合对比，转速越高，处理速度越快；转速不变的情况下，功率越大、扭矩越大、对垃圾的研磨效果更好。

（2）静音程度。作为一台家用电器，噪声是很多人的考虑因素之一。大多数食物垃圾处理器的商品介绍中都会标注噪声值，或是与大家熟知的声音对比。另外，一些品牌采用多重防震支架和降噪棉来提高静音和减震效果。但每个人对声音的感受不同，最好的办法就是去实体店感受一下。

（3）容量。这里提高的容量是指研磨腔的容量，它决定了一台机器一次垃圾处理量的大小，根据家庭实际情况进行选择即可。如果空间有限，可以选择高转速的直流电机处理器替代，用速度弥补容量。一些品牌会依据研磨腔大小和研磨效率等因素综合给出适用场景的建议，比如适用小户型或中大户型。

（4）品牌。市面上这么多种品牌，到底选择哪一款呢？选择专业的品牌是最简单有效的筛选原则，这里的品牌包括隐藏在其后的质量、工艺、做工等。小赢想说，食物垃圾处理器的品牌琳琅满目，选产品不是越贵越好，选择适合的才是最好的。

结语

随着人们对环境保护问题的日益重视，对食物垃圾处理器相关技术的研究也快速升温。针对该领域目前的状况，小赢提出以下几点建议：相关企业应抓住机遇，及时进行专利布局；鉴于高校及科研院所的理论基础好，企业的需求贴近实际生产需要，建议企业和高校及科研院所加强合作，及时把科研成果投入生产；研究人员应重视开发多角度的研究方向，加快食物垃圾处理器相关技术知识产权的国际化进程。

本文作者：
国家知识产权局专利局
专利审查协作北京中心材料部
贾宁

20 详解《破冰行动》单兵作战背包中的专利技术

小赢说：

2019 年，以特大缉毒案件"雷霆扫毒行动"为蓝本改编的缉毒刑侦剧《破冰行动》震撼了观众的心。在剧集结尾，警方发动总攻势时亮相了一款吸引眼球的变形背包，被称为全剧最硬核的"植入广告"。

现在，小赢就来带您看一看，这是一款什么样的神奇背包。

《破冰行动》是一部根据真实大案改编的缉毒题材刑侦影视剧，讲述了缉毒警们如何不畏牺牲、拼死撕开当地毒贩和保护伞织起的地下制毒、贩毒网，并冲破重重迷局，为最后打击"第一毒村"的收网行动顺利展开扫清障碍。该剧一经开播，就引发热议，豆瓣评分一度飙升至 8.5 分！无论是"警局狼人杀"、最终收网 battle，还是与复杂案情相伴的人性挣扎和角力，都牵动着观众们的心。而剧中的一个细节——背包的变身，也引起了剧迷们的关注。

这款背包看起来跟普通上班族的通勤双肩包没什么区别，平平无奇（见图1），却能在几秒钟内变身为挂满装备的防弹背心（见图2~图4）。

图 1 隐形快速攻击背包战术背心①

图 2 背包背心功能切换示意图一②

---

① 图 1 来自 combat2000 官网 www.combat2000.cn。
② 图 2~图 4 来源于影视剧截图 www.iqiyi.com。

图3　背包背心功能切换示意图二　　　　　图4　背包背心功能切换示意图三

是不是很神奇？沉浸在紧张剧情中的剧迷们都惊呆了！记忆中的普通防弹背心，居然发展成为这样炫酷的"变身马甲"！这之间经历了怎样的技术历程呢？我们得从普通的防弹衣说起。

普通防弹衣

防弹衣，一般是背心形式的（见图5），主要分为硬质防弹衣和软质防弹衣。早期的硬质防弹衣多用陶瓷塑料或金属板制成。软质防弹衣则是由人造聚合物高分子轻质纤维材料构成，其原理是通过密集重叠编织的很难断裂的化学纤维把子弹挡住，防止子弹、弹片等穿入身体。

可是，这样的防弹衣，仅能起到防弹保护的作用，却不便于携带装备。军警人员如果需要带上警棍、弹匣，只能另外再背上一套携行具。

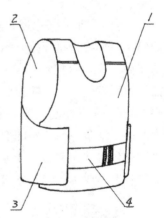

图5　ZL00211223.X说明书附图

单兵携行具

单兵携行具，是指单兵携带装备、物品时使用的工具，一般是指士兵的背囊。小赢还记得小时候看过的影视剧中，解放军都用"打背包"的方式将自己的棉被、水壶等军需品"五花大绑"般系挂在身上。后来，战士们胸前增加了材质为牛皮的弹匣袋，装备的数量、重量都有较大幅度增长，但是携行方式仍采用"单件分挂"的老办法，装备品之间容易互相碰撞、挤压，严重影响战术动作和战斗能力的发挥。

经过科研人员的不懈努力，陆续研制出 63 式步枪弹药携行具、91 式单兵携行具、95 式战斗携行具（见图 6）、01 式单兵携行具等战斗装备，采用模块结构和"积木"组合形式，实现了不同功能的工具分区，并通过背部受力传导和重心平衡减轻负荷、节省体力。

图 6　95 式战斗携行具①

可切换多功能背包背心

从"打背包"到"单件分挂"，再到单兵携行具，军需装备已经取得了很大进步。但是，携行具通常以轻便为主，没有防弹能力。如果同时穿着防弹衣、背着携行具，不仅负重过高，也不利于对隐蔽性要求较高的便衣侦查。例如，在《破冰行动》的剧情中，制毒场地极为隐蔽，毒贩极其警觉，在犯罪分子聚集的"毒村"村口还有小混混望风。背着这么明显的携行具跟直接拉响警笛有什么区别？只怕警察还没进村，证据早没了。

因此，能够结合防弹背心和携行背包的双重功能，且能够满足隐蔽性要求的可切换背包背心应运而生。也就是《破冰行动》中展示的这款背包——广州康珀宜凯贸易有限公司（以下简称康珀宜凯公司）旗下作战 2000（又称 combat2000）品牌的 SFAS（隐形快速攻击系统）系列战术背包（见图 7），能在背包和防弹衣之间无缝切换。

在内布片层（即用于保护背部的后幅）和外布片层（即用于保护胸部的前幅）里都插有防弹板，拉开二者之间的拉链，就能打开背包，将前幅取下、翻转到

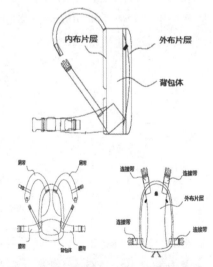

图 7　ZL201420144473.4 说明书附图

---

① 刘桓. 单兵装备 世界经典单兵装备手册［M］. 哈尔滨：哈尔滨出版社，2013：243-244.

胸前。再将四条连接带分别插在肩带和腰带上的插扣上，瞬间切换到防弹背心模式！

而且，根据说明书中的记载，这款背包专用于对隐蔽性要求较高的便衣执勤。该专利说明书中明确记载：该多功能背包背心在背包和背心两种使用状态之间的切换方便快捷，特别是在执行特殊任务与长时间户外活动时，整合武器装备与防弹背心的携带，从而满足各种战术安排与任务转换。所有装备在背包状态下不需外露，实现隐蔽性与多种装备同时携带的需要。在执行任务时可以在最短时间内从背包转换成防弹背心从而实现武装部署。在户外作业与特殊环境下，可轻松实现各种工具的携带与使用。

侦查员背着这款包，看上去就是几个平平无奇的工科"宅男"。正是这样的迷惑性，有利于侦查员们避开望风的犯罪分子，从事监控的工作，为接下来的抓捕行动做好准备。而当与犯罪分子狭路相逢时，将肩上的绳索简单一拉，插装了防弹板的前幅打开，才露出了内里乾坤：包里的主仓、副仓、网兜等位置，固定了各式各样的枪械弹匣。

快插快扣

康珀宜凯公司还对防弹服的扣具作了改进（ZL201620407804.8，见图8），在防弹服上实现快插快扣设计，将扣具装在图中四个椭圆圈出的位置，实现前、后两片防弹服快速装配。

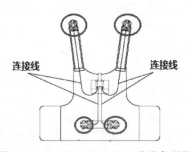

图 8　ZL201620407804.8 说明书附图

对于连接线，该公司还对插销进行了技术改进：在防弹服的腰部，有一个拉块（图中未示出），拉块通过连接线连接四个扣具上的插销座。当提拉拉块时，四个扣具上的插销座同时往内缩，使得插销脱离母扣，实现一键快速拆卸。

不仅如此，防弹服和背心背包都能够搭载 Molle（Modular Lightweight Load-carrying Equipment，模块化轻量负载装备）系统。Molle 系统使用大量方便固定物件的织带，能够根据任务的不同配搭不同的装备。这种模块化应用可以很方便地把所有武器（包括但不限于手枪、警棍、手榴弹等）全部挂在适当的位置。放在combat2000的多功能背包背心里，能够根据不同的作战环境和作战任务对武器配置进行快速调整。能防护、能攻击，还增加了装备功能转换的灵活性。

据悉，这类战术背心背包已经广泛应用于我国军警单位，其使用方便、变装快捷，能够做到快速整装出动，推动了单兵防护的整体跃升。

军人和警察怀着不畏死的决心在刀尖上行走，让中国成为世界上少数的最安全的国家之一。这些负重前行的英雄，舍身把黑暗阻挡在人们看不见的地方。人们能做的，就是用技术等手段尽可能地为他们阻挡危险。

用中国制造，保护中国英雄。希望英雄们，不再流血流泪！

本文作者：
国家知识产权局专利局
专利审查协作北京中心机械部
袁旭

21 谁动了我的琴弦？
——从专利视角看吉他弦发展史

小赢说：

《乐队的夏天》这档综艺节目让摇滚乐队成了 2019 年夏天的主角。提起乐队，大家一定会想到吉他。乐手在弦上按压、滑行、拨动，那声音撩动着我们的心弦。今天，小赢就带你聊聊吉他弦的知识——细细的琴弦也有专利哦！

吉他弦的发展

吉他并非生来就是金属弦。据史料考证，吉他是由 15 世纪的卢特琴和比维拉琴演变而来。直到 18 世纪，在西班牙才出现六弦吉他。19 世纪出现了尼龙琴弦古典吉他。但是尼龙弦的寿命短、耐磨性差，随着时间的推移，目前几乎所有类型的吉他琴弦都已被金属弦代替。然而金属琴弦的发展并非一帆风顺。

1. 从钛合金弦到不锈钢弦

早在 1999 年，日本的一项专利申请（JP 特开 2000-284780A）中提出：为了提高金属琴弦的寿命和耐磨性，采用钛合金（在工业纯钛中添加含有铝、钒、铬、钼、锆、锡等合金元素）来制备吉他弦。

先不论琴弦的质量如何，可以预见的是钛合金琴弦应该是价格不菲的。而对于吉他弹奏者而言，弦在经久耐用的同时还要经济实惠。于是，不锈钢琴弦出现了。2006 年，美国山特维克公司申请的两项发明专利（US7781655B2、US7777108B2）中记载：采用双相不锈钢和析出硬化不锈钢（组分含量见表1）制备吉他弦。这样的琴弦，不仅耐腐蚀，还具有特别优异的抗松弛性。

表1 吉他弦用不锈钢材料的组成（wt%）

专利文献	C	Si	Mn	Cr	Ni	N	Cu	其他	余量
US7781655B2	Max0.5	Max1	Max2	20~27	4~10	Max0.5	Max0.7	Mo、W、V、Ti、REM、B、Ca	Fe+杂质
US7777108B2	Max0.1	Max1.5	0.2~3.0	10~19	4~10	–	Max4.5	Mo、W	Fe+杂质

4年之后，这家公司的另一项发明专利（ZL201080061179.1）又提出了一种用于制备琴弦的新材料：不锈钢中包括至少90%（体积百分比）的马氏体相[①]。用该材料制作的弦，延展性和抗腐蚀性都特别好。

2. 缠绕弦的出现

不锈钢琴弦的出现基本解决了琴弦的成本与机械性能之间的矛盾，但仍然会经常出现崩断的问题。针对这个问题，我们先看一组（6根）民谣吉他的琴弦（见图1）。

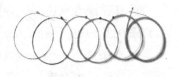

图1 民谣吉他弦[②]

细心的你一定会发现，有2根弦和另外4根不一样。或者说其中的4根弦还缠绕着一圈铜丝。这是因为，民谣吉他的6根弦，从低音6弦到高音1弦的音名分别是E、A、B、D、G、E。其中，1弦和2弦最细，是钢丝弦，没有缠绕线圈；其他4根弦的外面都需要缠绕不同粗细的金属线圈来区分不同的音域高低。弦越粗，空弹音越低。按照粗细，弦分为不同的型号，如0.10、0.11、0.12等。琴弦品质的好坏，关键看其力学性能以及耐腐蚀性能。比如，弦的张力越高、琴弦越粗，声音更加柔美圆润。专业来讲，越细的弦手感越软，音色颗粒感越差；越粗的弦手感越硬，音色颗粒感越强，给予吉他琴体共振支持就越大。

3. 青铜弦的出现

通过上面的解释，想必大家已经明白，缠绕线已经成为琴弦的一部分了。例如，美国Ernie Ball公司的专利US9117423B2就是当下比较主流的"芯线+缠绕线"结构。该专利介绍了铝青铜弦。图2中的琴弦10是由六角芯线12和缠绕线14组合而成。根据该专利文献记载，缠绕线采用铝–铜合金材料，其包括2%~10%的铝

---

① 马氏体相是金属内部微观组织中的一种。
② 图1、图6来自百度图库。

（重量百分比，下同）、大于85%铜和每种均小于2%的镍、铁、锰和砷。

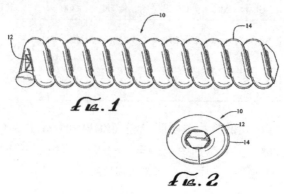

图2　US9117423B2 说明书附图

此外，该专利还对铝青铜弦和磷青铜弦做了比较，通过实验对铝青铜弦和磷青铜弦的基频进行测试（见图3）。可以看出，在拨动琴弦方式完全相同（利用机器）的条件下，铝青铜弦相较于磷青铜弦具有更明显、更强的基频以及更高次谐波，发声更加饱满、清晰。

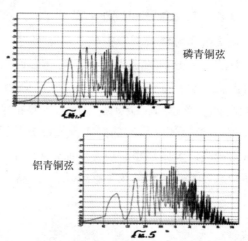

图3　铝青铜弦和磷青铜弦基频测试比较

事实上，前辈们早已摸索出了如下经验：对于磷青铜弦，其材质偏硬，张力较大，手感较硬，爆发力更充沛，声音柔和细腻，低音深沉，整体饱满而富有质感；对于铝青铜弦，其具有低频共鸣与清脆响亮高音，且价格昂贵。是不是和测试结果神似呢？市面上还有一种黄铜弦，它的特点是张力较小，手感较软，音色比较清脆。

4. 涂覆技术的应用

从前面介绍的金属琴弦的进化过程可以看出，尽管在材料的耐磨性能上已经取得了长足的进步，但仍然无法满足耐用的需求。例如，乐手在演奏时手上的污垢、油以及汗液，对金属琴弦简直是灾难性的打击。

但是，这难不倒充满了智慧的发明人，他们想到了用涂覆的方法延缓腐蚀。早在 2006 年，美国的戈尔公司就申请了一项关于吉他弦覆膜材料的发明专利（US6528709B2）。如图 4 所示，缠绕弦 16 外层有包覆膜 26，这层包覆膜用来防止污垢、油以及汗液等对弦的污染，还可以保持这种覆膜弦的音质。更利好的是，当我们选择 PTFE 作为覆膜材料时，弦的强度、韧性以及可变形性会大大提高。

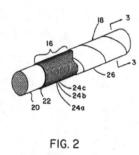

图 4　US6528709B2 说明书附图

同年，美国 James D'Addario 也申请了关于吉他弦的发明专利（US2006/0174745A1 见图 5），是由芯线 18、缠绕弦 16、磷铜合金线 20 以及硬质聚氨酯涂层 22 组合而成。这种弦的特点是在防腐蚀的同时保持了音质。这个涂层具有至少一层 U-V 或者 EB 固化涂层，形成总的涂层厚度。

细心的你会发现，在弹奏了一段时间之后，琴弦表面会起毛，如图 6 所示。其原因是琴弦表面覆有镀膜，使用一段时间后镀膜会随着弹奏、扫弦的拨动摩擦而造成磨损。即使磨损了镀膜，镀膜层的黏附性依旧很高，不会随着缺口带动一整层脱落。

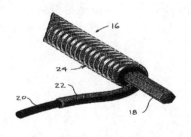

图 5　US2006/0174745A1 说明书附图

图 6　起毛的金属琴弦

吉他弦的选择

学了这么多专利知识，那么如何选择吉他弦呢？现在市面上吉他琴弦的品牌让众多吉他爱好者们挑花了眼。国外有达达里奥、伊利克斯、雅马哈、Martin、Ernie Ball 等，国内品牌有爱丽丝等。通常情况下，我们日常弹吉他 4～6 周就要换一次弦。那么如何才能买到称心如意的琴弦呢？让小赢来告诉你，弦的型号一般以弦的粗细和材质而定，如 012-053，2～5 弦居中依次加粗，如图 7 所示。

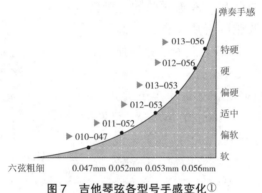

图7　吉他琴弦各型号手感变化①

3～6 弦的缠绕弦可采用磷青铜、黄铜等材质。如前面介绍的 Ernie Ball 公司发明的采用铝青铜作为缠绕弦材料。达达里奥的黄铜系列（如 012-054 型号的弦），自带防氧化涂层，价格便宜，适合初学者。Martin 的磷铜弦系列稍硬一些，低频稍重，浑厚有力。国产的爱丽丝吉他弦，价格上很有优势，但换弦频率略高。吉他爱好者可以根据自己的喜好，多试试不同的弦，并不是越贵越好，而要选择适合自己手指的弦。

吉他弦的展望

前面小赢介绍了吉他弦的发展和如何选择吉他弦，带大家通过专利的视角对吉他弦有了更深层次的了解。吉他作为一种大众乐器，吸引了越来越多的爱好

---

① 图7来自淘宝网 www.taobao.com。

者。也正是因为这种热爱，让看似小小的弦越来越多被大家重视。相信在未来，无论从材料基体的选择、现有材料添加合金元素的调整，还是从制备工艺的优化、生产效率的提高，一定还会有越来越多的惊喜带给我们。

"谁动了我的琴弦"？动了小赢的琴弦，那就轰轰烈烈来一场吉他的饕餮盛宴吧！

本文作者：
国家知识产权局专利局
专利审查协作北京中心材料部
霍亮琴

第四章

抗击疫情

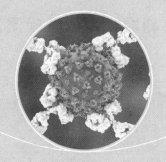

22　聊聊新冠病毒快速检测试剂盒

小赢说：

新冠病毒无疑是目前全国乃至全球曝光率最高的关键词之一。新冠肺炎疫情已波及世界多个国家和地区，如何快速准确地诊断，是大家都在关心的疫情防控重要基础。今天我们就来聊聊新冠病毒的快速检测试剂盒。

引言

根据国家卫健委 2020 年 2 月 19 日发布的《新型冠状病毒肺炎诊疗方案（试行第六版）》内容，目前针对新型冠状病毒（见图 1）肺炎诊断的依据为患者呼吸道分泌物、血液等标本的病原学检测结果（核酸）。而快速检测试剂盒作为病原学检测的"法宝"，具有简

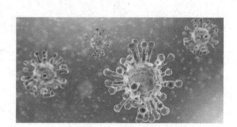

图 1　冠状病毒电镜模拟照片

单、方便、实用、高效等特点。今天小赢来带你全面了解一下。

新冠病毒快速检测试剂盒研发概览

针对此次疫情，各家生物检测企业可谓八仙过海，各显神通，迅速响应，全面出击，在短时间内纷纷研制出各家的法宝，来看看他们强大战斗力量吧！

目前已有 90 余家企业研发出新型冠状病毒检测试剂盒。其中，捷诺生物、之江生物、华大基因、圣湘生物、达安基因等 7 家企业的试剂盒已获药监局批准。工信部总工程师田玉龙 2 月 3 日表示，病毒检测试剂盒日产量已经达到 77.3 万人份，

已经能够满足病患筛选的需要。从疫情暴发到试剂盒的推出，经历时间非常短暂，效率如此之高，与各家企业的技术储备以及较高的科研水平有直接关系。而专利技术作为技术储备的载体，更是直接反映了企业的技术创新能力。

优势企业及其专利技术储备

小赢借助于中国专利信息中心和国家知识产权局专利局专利审查协作北京中心共同开发的新型冠状病毒感染肺炎防疫专利信息共享平台，汇总了涉及冠状病毒检测的各家企业的专利技术储备状况（见图2）。

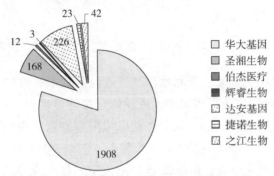

图 2　国内主要生物检测企业涉及冠状病毒检测的专利技术储备状况（单位：件）

这次疫情中反应速度较快的捷诺生物开发的新型冠状病毒 2019-nCoV 核酸检测试剂盒（荧光 PCR 法），是全国首批上市的试剂盒（见图3）。在数据库中检索发现该公司共申请检测相关的发明和实用新型专利 14 件，其中 CN201811508040.1 涉及呼吸道病原体多重检测试剂盒，可用于同时定性检测 16 种呼吸道病原体，包括 OC43 型和 229E 型冠状病毒。

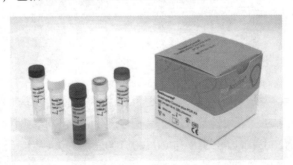

图 3　捷诺生物 2019-nCoV 新型冠状病毒核酸检测试剂盒（荧光 PCR 法）

国内基因测序龙头华大基因也在第一时间成功研发了新型冠状病毒核酸检测

试剂盒（见图4）。基于应用在 SARS 病毒检测中涉及 RT-PCR 的专利技术储备（CN03116659.8），结合宏基因组检测技术（CN201280064063.2），华大基因实现了快速、全面覆盖 2019-nCoV 病毒检测。

图4 华大基因 2019-nCoV 新型冠状病毒核酸检测试剂盒（荧光 PCR 法）

小赢知道，检测试剂盒的便利性以及高效性是技术发展的重要方向。比如，利用抗原-抗体结合原理，采用 ELISA 或胶体金法针对病毒外壳蛋白进行免疫学检测。其中胶体金法最快只需十几分钟就可检测新型冠状病毒（见图5），采集样本来源广泛（痰液、呼吸道分泌物、血液），普通工作人员简单培训后即可上手操作，适合现场快速筛查，可降低个体医院感染风险，减轻疫情医院工作量。

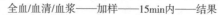

全血/血清/血浆——加样——15min内——结果

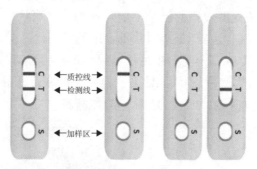

图5 胶体金法检测原理

此次疫情出现初期，万孚生物就迅速推出针对新型冠状病毒的包括 ELISA 和胶体金检测法在内的一系列检测试剂。由于万孚生物已有多件关于 SARS 病毒检测的专利，如 CN200310026895.8 和 CN200310026893.9，想必研发起来应该更加得心应手吧。

据悉，还有丽珠试剂、英诺特、热景生物、康华生物、贝尔生物、美克医学、芯超生物等多家企业都已研发并推出相关冠状病毒抗体快速检测产品，正在积极进行产品的临床验证和注册申报工作。

新技术在新冠病毒快速检测中的应用

除了传统的核酸和抗体检测试剂盒的研发如火如荼，新技术、新产品也是层出不穷。

近些年问世的 CRISPR 技术也在检测领域发挥了巨大作用。该技术与等温扩增技术结合，可对病毒核酸进行高特异性、高灵敏度检测，展现出巨大的分子现场即时检测潜力（见图6）。表1中列出了多个采用 CRISPR 技术来进行病毒检测的专利，其中涉及埃博拉病毒、乙肝病毒等。

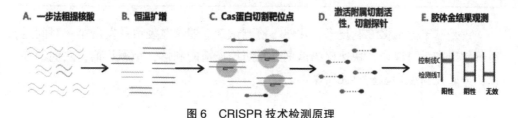

图6　CRISPR 技术检测原理

表1　CRISPR 技术检测病毒的相关专利

序号	申请号	标题
1	CN201911065994.4	一种用于检测埃博拉病毒的 crRNA 靶点及 CRISPR-Cas13a 系统
2	CN201910716750.1	基于 PCR-CRISPR-cas13a 检测乙型肝炎病毒共价闭合环状 DNA 的试剂盒
3	CN201910488038.0	一种靶向 HBV 耐药突变基因的 PCR-CRISPR 检测方法
4	CN201910483171.7	crRNA 靶向的 PCR-CRISPR 系统在检测 HBV DNA 中的应用

微远基因在疫情发生后利用自有 CRISPR 病原诊断平台，基于 GISAID 公布的 2019-nCoV 序列，设计特定 CRISPR 检测位点，迅速开发出 CRISPR-nCoV 检测试剂盒，能实现高特异性、单拷贝级灵敏度、40min 快速新型冠状病毒核酸检测。同时，普世利华和予果生物也研发出针对新型冠状病毒即时现场检测试剂盒（CRISPR 剪切法），目前已完成性能验证，很快将应用于防疫一线。

当然，还很多生物检测企业都在这场"战疫"中与病毒赛跑，他们渴望能在这场比赛中有所作为，为人类抗击疫情做出贡献。此时此刻，小赢心中的一股敬佩之情油然而生。

冠状病毒检测中的专利技术

最后，小赢在新型冠状病毒感染肺炎防疫专利信息共享平台数据库中检索筛选得到的特异性针对冠状病毒检测专利，根据检测类型汇总如下（见表2）。

表2 针对冠状病毒不同检测类型的专利数量情况

检测类型		中文专利数量/件	英文专利数量/件
核酸检测		175	54
蛋白检测	N–蛋白检测	9	4
	抗体检测	30	23

正是基于这么多专利技术，才使得检测试剂盒能够在疫情暴发后第一时间迅速研制出来。可以说，快速检测试剂盒是防控疫情的利器，小赢相信，它们的存在，势必让新型冠状病毒无所遁形。

结语

新冠病毒在全球范围内快速蔓延造成了对其检测的巨大需求。目前，国内外已开发出上百种快速检测产品，并正在不断推出新的成果。本文总结了新冠病毒快速检测试剂盒主要国内生产企业和基于不同检测方法的检测产品，并对未来新型技术的发展做出了展望。在众多检测方法中，荧光定量PCR凭借优异的灵敏度和特异性，成为目前新冠病毒检测的"金标准"。而基于免疫检测的免疫层析试纸条法则具有操作简单、检测时间短的优势，非常适用于现场检测。高通量、自动化、小型化和低成本是未来新冠病毒检测方法发展的趋势。随着技术的不断进步，相信会有更加高效准确的病毒检测方法被开发出来，为临床提供更多选择。

本文作者：
国家知识产权局专利局
专利审查协作北京中心医药部
彭海航　靳春鹏

23 中医药——抗疫生力军

小赢说：

面对疫情，医疗工作者和科学家们正在日夜拼搏，努力开发疗效优秀、副作用小的临床药物，这其中就包括我国的中医药专家们。中医药在新冠肺炎的防治中发挥出了重要的作用，今天我们说说中医药与新冠肺炎治疗。

新型冠状病毒是目前已知的第 7 种可以感染人的冠状病毒。在电子显微镜下，它就像一朵玫瑰。别看它个头小，小的肉眼都看不到，传染性、致病性却是相当厉害。

目前，中医药参与疫情防控取得阶段性进展，参与救治的广度和深度不断提高，中西医密切协作、联合攻关，发现了一批有效方药和中成药，在治疗新冠肺炎中取得了较好的疗效。[①]

中医药战"疫"是传承

中医药作为我国传统医学的瑰宝，在历史上的多次疫情中都起到了举足轻重的作用，张仲景的《伤寒论》、吴有性的《温疫论》等古籍中均有相关记载。

中华人民共和国成立后发生的几次大规模疫情中，中医药也发挥了重要的作用：1956 年石家庄地区流行的乙型脑炎，白虎汤功劳不小；1957 年北京乙脑流行，温病疗法显疗效；20 世纪 70 年代流行的甲肝，使用中医药后帮助阻止了疫情发展；2003 年爆发的 SARS，中医药在减轻患者咳嗽发热等症状、缩短病程、减少激素副作用等方面取得了较好的疗效。

中医药战"疫"有依据

中医药可以用于帮助治疗疫情相关的疾病，那从现代医学角度来看，其是否

---

① 引自：光明网 2 月 20 日新闻"国家中医药局：中西医结合机制在治疗新冠肺炎中取得较好疗效"，http://economy.gmw.cn/2020-02/20/content_33574434.htm。

能用于对抗冠状病毒呢？下面我们通过专利的角度来窥视一二。从图1可以看出，现有绝大多数专利技术针对的都是 SARS 的治疗，中国专利申请量在 2003 年时达到峰值，国外也在 2004 年时达到最高。

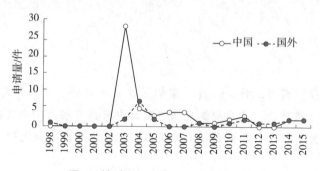

图1　针对冠状病毒的专利申请趋势

接着，让我们详细看看与 SARS-CoV 相关的中医药专利技术的研究情况。

1. 成方专利

（1）金莲清热胶囊。宁夏启元药业有限公司在 2003 年按照中医理论的"君、臣、佐、使"组方申请了专利"金莲清热胶囊及其制备工艺"（ZL0314268.6），以金莲花、大青叶为君药，清热解毒；石膏、知母为臣药，以助君药清解气分之热，使高烧得以速降；生地、玄参为佐药，养阴清热，增液以润燥，生津以除烦，清营凉血而解毒；苦杏仁为使药，宣肺止咳祛痰。诸药合用，具有抗菌、抗病毒、抗炎、止咳、祛痰、增强免疫功能等作用。

（2）注射用双黄连。《中国药典》2000 年版收载的药物组成为连翘、金银花、黄芩，具有清热解毒、辛凉解表的功效，主要用于外感风热、邪在肺卫、热毒内盛，发热、微恶风寒或不恶寒、咳嗽气促、咳痰色黄、咽红肿痛等证。

哈药集团中药二厂（ZL200310028724.9）通过注射用双黄连体外抗冠状病毒的药效学试验，在 HELA 细胞培养内，采用病毒 CPE 法，观察不同浓度的注射用双黄连药物对冠状病毒的抑制效果，试验结果显示其具有一定的抗冠状病毒的作用。需要小赢特别提示的是：双黄连注射液的使用，一定要谨遵医嘱。

2. 其他组方

江苏康缘药业股份有限公司（ZL0313238.7）采用羚羊角、平贝母、大黄、黄芩、青礞石、生石膏、人工牛黄和甘草等原料制成具有抗 SARS 病毒作用的组合物。

北京亚东生物制药有限公司（ZL200710119346.3）由厚朴、青蒿、黄芩、前胡、炒大白、滑石粉、甘草、大黄、连翘等原料药制成具有清热解毒、宣肺化湿的药物组合物，用于疫毒壅肺所致非典型肺炎的治疗。

3. 单味药材

（1）野马追。江苏民间常用野马追作清热解毒药，味苦、性平，有化痰止咳平喘的功效，主治痰多咳嗽气喘。

江苏省中医药研究院（ZL0315293.8）采用细胞学实验验证了野马追总黄酮（主要包括棕矢车菊素、金丝桃甙和黄芪甙）对 SARS 病毒有一定抑制作用。

（2）苦胆草。味苦，性寒，能清热燥湿、泻肝胆实火、清下焦湿热、开胃、治肝经热盛、惊痫燥狂、热痢目赤，咽肿等。

昆明医学院（ZL200610010804.5）经动物药理学实验发现，苦胆草有较好的抗肺纤维化的药理学作用，能减轻 BLMA5 诱导的肺纤维化，降低肺纤维化程度，对临床治疗 SARS 及肺纤维化提供了可选用的药物。

4. 其他具有广谱抗病毒作用的中医药专利

江苏灵豹药业股份有限公司（ZL200410100841.6）以古方"银翘马勃散"为基础，采用连翘、牛蒡子、金银花、射干、马勃、芦根为原料药。经一系列试验证明其具有明显的抗呼吸道病毒的作用，对 SARS 具有辅助治疗作用。

北京中医药大学（ZL200410080210.2、ZL200410080211.7）采用地龙、黄芩苷、甘草为原料制备了具有抑制流感病毒、上呼吸道感染病毒、SARS 病毒和细菌的中医药组合物。

通过对上述抗冠状病毒相关专利技术的分析，小赢发现，多种具有清热解毒功效的中医药成方、单味药材均对冠状病毒具有一定的杀伤作用。

中医药战"疫"见希望

无论是在抗击"非典"的战场上，还是在其他冠状病毒感染相关流行性疾病的治疗中，中医药都发挥了重要作用。在本次新型冠状病毒肺炎疫情中，我国相关部门也十分重视发挥中医药的作用（见图2）。中医药相关治疗方案纳入第三、四、五、六版国家《新型冠状病毒肺炎诊疗方案（试行）》中，指导全国中医药救治工作。

中医药的介入显示了传统医学的优势，接受中西药结合治疗的新冠肺炎患者治愈出院的好消息层出不穷：2月3日，武汉市首批以中医药或中西医结合方式治愈的 8 名患者出院；2 月 15 日，北京市召开的新冠肺炎疫情防控新闻发布会公布的数据显示，初步统计分析，目前只用中医药治疗的有效率可以达到 87.5%，中西医结合的有效率可以达到 92.3%。相信中医药能帮助更多的新冠肺炎患者早日出院。

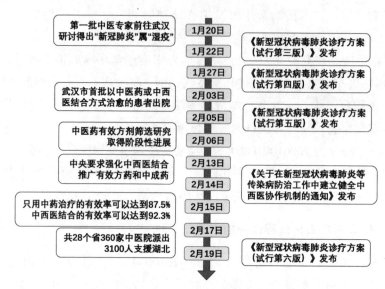

图2　中医药在新冠肺炎疫情中发挥的重要作用

以祖国医学的千年积淀为基础，传承创新，中医药一定能助力我们更早结束新冠肺炎疫情，早日迎来风清朗日。中医药也一定能够在建设健康中国的恢宏画卷中书写更壮丽的诗篇。

作为独具中国特色的传统中医药，在抗击新冠的战役中，无论从理论基础还是临床疗效来看，都显示出其独特的优势。相关专利类型包括已知成方制剂的新用途、单味药材的新用途、新组方等，后续可以在此基础上进行更深入的技术研发，建立体系化品种专利保护。包括对一些成方制剂进行二次开发，从制剂的改进、提取工艺的改进、组方优化、新用途的发现等角度进行技术创新，并及时获取专利保护。对于技术薄弱的环节，可以考虑企业和高校、科研机构等联合开发，优势互补，提高研发效率。

本文作者：

国家知识产权局专利局

专利审查协作北京中心医药部

师晓荣　段炼

24　探寻新冠病毒疫苗研制的他山之石

小赢说：

　　在抗疫宣传报道中，"疫苗"是一个经常被提及的热词。新冠病毒疫苗如果研制成功，人们接种后就能达到预防新冠肺炎的作用。那么大家共同关心的问题是：新冠病毒疫苗何时来？

　　疫苗的意义在于"主动防御"，它刺激我们身体的免疫系统守护健康避免疾病（见图1）。"疫苗的研发永远是必要的，毕竟人类不能总被病毒追着打"。

图1　流感疫苗宣传画①

新冠疫苗研发进展

　　没有任何一种疫苗的研制是容易的，针对冠状病毒的疫苗尤其如此。举个例子，SARS（非典）暴发已经过去17年了，迄今也没有成功上市的SARS病毒疫苗。但您也别着急，由于科学家们多年对冠状病毒疫苗的潜心钻研，在此前的研究基础上，对于新冠病毒疫苗研发捷报频传：2月9日，中国疫苗协会宣布，北京科兴生物制品有限公司等17家公司竞逐新冠病毒疫苗研发；2月15日，科技部宣布部分疫苗已进入动物实验阶段；2月19日，美国科学家发布首个新冠病毒附着并感染人类细胞部分的3D原子尺度结构图（见图2，研究疫苗的关键一步）；2月21日，科技部宣布新冠病毒疫苗预计最快4月下旬临床试验。

---

　　① 图1来源于全程导医网（http://www.qcdy.com/html/news/benyunews/202001/103486.html?15794 17104）。

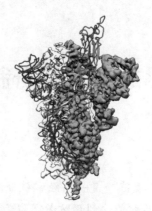

图2 新冠病毒附着并感染人类细胞部分的3D原子尺度结构图①

专利技术在新冠疫苗研发中的应用

疫苗研发如火如荼，小赢也不能闲着，让我来看看利用专利技术能为疫苗的研制做点什么。

小赢依托"新型冠状病毒感染肺炎防疫专利信息共享平台"获取了疫苗分支的专利文献192篇，进行专利分析。现有的冠状病毒疫苗专利主要涉及以下五种类型：灭活病毒疫苗、减毒活病毒疫苗、亚单位病毒疫苗、病毒样颗粒（VLPs）疫苗、核酸疫苗。

疫苗整体以及不同类型的专利申请量按年代分布，如图3所示。除了在2003年申请量较大外，近年来疫苗相关专利申请量整体上呈连续上升趋势。

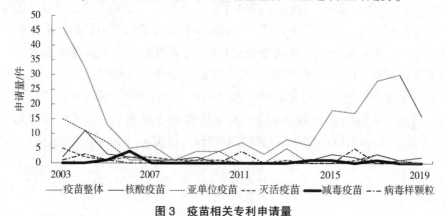

图3 疫苗相关专利申请量

---

① 图2来源于快科技网站（http://news.mydrivers.com/1/673/673489.htm）。

按不同病毒类型分类的疫苗专利申请量和重点申请人，如图 4 所示。

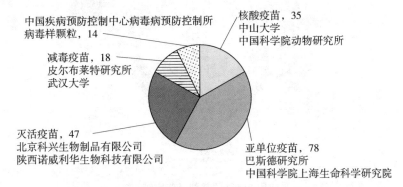

中国疾病预防控制中心病毒病预防控制所
病毒样颗粒，14

减毒疫苗，18
皮尔布莱特研究所
武汉大学

灭活疫苗，47
北京科兴生物制品有限公司
陕西诺威利华生物科技有限公司

核酸疫苗，35
中山大学
中国科学院动物研究所

亚单位疫苗，78
巴斯德研究所
中国科学院上海生命科学研究院

图 4　不同类型疫苗专利申请量（单位：件）

由上图可知，亚单位疫苗所占的比重较高。从 2003 年"非典"之后，在国家科研项目的支持下，高校和科研院所已积累一定的技术基础，国内药企也纷纷投入研发，这初步构成了我国自主知识产权的疫苗生产技术体系。

通过对上述专利技术的分析，小赢总结了不同疫苗的特色及专利技术中的借鉴，快来速速围观。

· 灭活病毒疫苗：先对病毒进行培养，然后用加热或化学剂将其灭活。合格的疫苗产品不存在有感染性的病毒。

· 减毒活病毒疫苗：通过不同手段使病毒的毒力减弱或丧失，机体在接受该疫苗后不发生或出现很轻的临床症状。

· 亚单位病毒疫苗：获取病原体刺激机体产生保护性免疫力的有效免疫成分制成的疫苗。利用重组技术来研发亚单位疫苗是现代疫苗学的一个新的方向。

· 病毒样颗粒（VLPs）疫苗：是由病毒的一种或多种衣壳蛋白在异源系统内重组表达，正确折叠组装形成的一种不含有病毒遗传物质的空心颗粒。VLPs是疫苗研发的重要候选载体。

· 核酸疫苗：也称基因疫苗，是指将含有编码的蛋白基因序列的质粒载体导入宿主体内，通过宿主细胞表达抗原蛋白，诱导宿主细胞产生对该抗原蛋白的免疫应答。

从图 5 可知，核酸疫苗作为第三代疫苗技术是目前新冠病毒疫苗的热点研发方向之一，而最有望获得成功的核酸疫苗之一是 mRNA 疫苗。

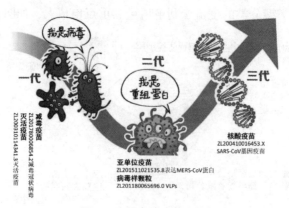

图5　不同类型疫苗比较

先进的专利技术为新冠研发助力

　　mRNA 疫苗在疗效、研发速度、生产的可拓展性和安全性等方面具有巨大优势。ZL201880001680.5 中公开了将 mRNA 分子群体递送至哺乳动物细胞的生物相容性核/壳组合物，可解决裸露 mRNA 在体内易被降解的问题（见图6）。mRNA 疫苗有望成为新型冠状病毒疫苗加速上市的途径，通过将病毒序列转化为信使 RNA 的 mRNA 疫苗可能把临床试验缩减到 3 个月。

　　mRNA 疫苗最新的研究进展显示，由中国疾控中心、上海同济大学医学院和斯微生物（该公司使用的核心技术之一即 ZL201880001680.5）共同研发的新型 mRNA 冠状病毒疫苗（见图7），在 2 月 10 日公布消息表示开始动物试验，2 月 13 日第一批小样已送达国家有关部门开展药效实验。美国生物医疗上市公司 Moderna Therapeutics 宣布正在针对新型冠状病毒开发疫苗，使用的策略同样是 mRNA。

图6　转录生成 mRNA①

图7　新型 mRNA 冠状病毒疫苗②

---

① 图6来源于洱海网（http://www.erhainews.com/n5676196.html）。
② 图7来源于果壳财经（https://www.cgkjj.com/yuanchuang/26631.html）。

此外，还有科学家团队正在利用另一项涉及核酸疫苗构建的重要专利技术——"分子钳"，来加快新冠病毒疫苗的研发和上市时间。该技术由澳大利亚昆士兰大学研发（ZL201880022016.9，见图8），名为"嵌合分子及其用途"。研究团队利用该技术开发的埃博拉和流感病毒疫苗已取得非常理想的实验效果。利用该专利技术生产针对新型冠状病毒的疫苗，从研发到测试疫苗有望在16星期之内完成。

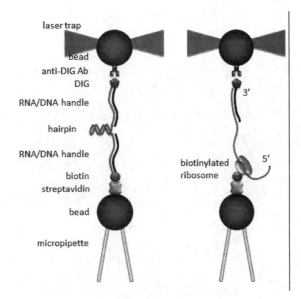

图8 "分子钳"专利技术示意①

结语

众所周知，在全球经济开放、信息共享的当下，专利所有权是一个国家工业技术能力的重要标志。2020年4月7日，世界知识产权组织公布，2019年中国首次成为该组织《专利合作条约》框架下国际专利申请量最多的国家。在新冠疫苗专利持有方面，我国企业和科研单位不甘落后，一直处于专利申请和研发的前沿。我国生物医药企业一定要做好新冠疫苗相关的专利布局，通过合理的专利申请策略，提升企业的核心竞争力。

当然，疫苗的研发及测试还涉及多个环节，面临着诸多困难；毫不夸张地

---

① 图8来源于看点快报（http://kuaibao.qq.com/s/20200215A090RV00?refer=spider）。

说，失败才是疫苗研发的常态。再次重复开篇的话——疫苗研发永远有必要，人类不能总被病毒追着打。今天，我们对疫苗的研发比过去任何时候都更加憧憬。

小赢坚信，技术是驱动新型冠状病毒疫苗研发的原动力，疫苗的研制离不开专利信息的支撑，正因为有了专利经验的辅助和先进技术的加持，在提升疫苗研发成功率和研发时间方面，科学家们已不是孤身前行。

本文作者：
国家知识产权局专利局
专利审查协作北京中心医药部
代月函　靳春鹏

25 "靶"蛋白抑制剂
——来自天然产物宝库的抗"疫"武器

小赢说：

  在化学药的发展史中，有很多经典的药物都来源于天然产物的宝库，如青蒿素、吗啡、奎宁等。我国植物资源丰富，这也为基于天然产物研发抗新冠病毒药物提供了宝贵的资源。

来自天然产物的抗疫药物盘点

  小赢在专利数据库中针对用于抗冠状病毒的天然产物单体的专利申请进行了检索，发现从天然植物、中药材中筛选有抗冠状病毒活性的化合物的专利申请数量虽不高，但其中国内申请人占比高达 92.5%，并且其中多为大专院校和科研院所申请，包括天津国际生物医药联合研究院、中科院上海药物研究所、清华大学等（见图 1）。

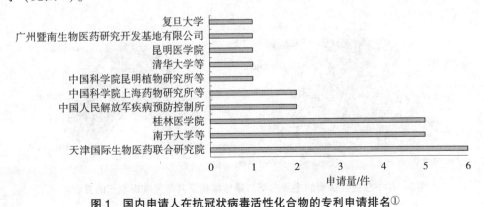

图 1 国内申请人在抗冠状病毒活性化合物的专利申请排名①

———————————

① 数据来源于新型冠状病毒感染肺炎防疫专利信息共享平台。

早在SARS疫情发生时，中科院上海药物研究所联合上海先导药业有限公司利用计算机模拟化合物与SARS冠状病毒3c样蛋白酶的作用方式，发现来自紫锥松果菊的成分，如紫锥菊甙、菊苣酸、莱蓟菊，具有防止易感细胞被SARS病毒感染的作用，揭示了紫锥松果菊提取物在制备抗SARS冠状病毒感染的药物上的用途（ZL03129246.1）。

2007年，复旦大学基于防治SARS的中药复方（由鱼腥草、野菊花、茵陈、佩兰、草果组成），从中提取到具有抑制SARS冠状病毒活性的植物多糖（ZL200710046222.7）。

2016年，中国人民解放军疾病预防控制所开发了用于抑制病毒感染的制剂，主要由表没食子儿茶素没食子酸酯、单宁酸和黄芪多糖混合而成，细胞毒性不高于利巴韦林，在安全的使用浓度下，预防性使用所提供的制剂可以有效抑制5型腺病毒、甲型H1N1流感病毒、痘病毒和冠状病毒的感染（ZL201610056795.7）。

同时小赢发现，天津国际生物医药联合研究院和以南开大学为主的研究团队在抗冠状病毒，尤其是从中药中筛选SARS冠状病毒主蛋白酶抑制剂领域有多件申请，且都是在国内结构生物学家饶子和院士的团队针对SARS冠状病毒主蛋白酶的结构解析基础上完成的。该团队在国际上首次成功解析SARS冠状病毒蛋白酶晶体结构，发表论文："The crystal structures of severe acute respiratory syndrome virus main protease and its complex with an inhibitor"。并进一步研究发现，SARS冠状病毒的主蛋白酶在病毒的整个生活周期中起着关键作用，如果能够抑制SARS冠状病毒主蛋白酶的水解作用，将会有效地抵御SARS冠状病毒对人体的侵染。因此，成功解析SARS病毒蛋白酶的三维结构，对后续筛选活性单体化合物、研制抗非典药物奠定了重要基础（见图2）。

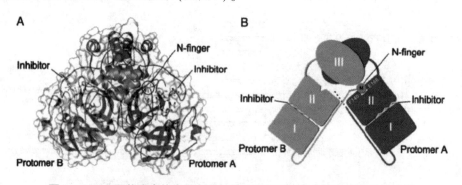

图2　SARS冠状病毒的主蛋白酶二聚体结构及其与底物抑制剂的复合①

---

①　Haitao Yang, et al. The crystal structures of severe acute respiratory syndrome virus main protease and its complex with an inhibitor [J]. PNAS, 2003, 100（23）：13190-13195.

随后，南开大学和清华大学、中国科学院生物物理研究所作为共同申请人，在 2007~2010 年从中药中筛选 SARS 冠状病毒主蛋白酶抑制剂，共提出了 5 件发明专利申请，其中 4 件授权。专利申请情况如表 1 所示。

表 1　南开大学等研究团队的专利申请情况

序号	专利号	技术主题	植物来源
1	ZL201010170409.X	从巴豆中提取不饱和脂肪酸类单体作为 SARS 冠状病毒主蛋白酶抑制剂	巴豆
2	ZL200910235347.3	黄芩苷元、汉黄芩素作为 SARS 冠状病毒主要蛋白酶抑制剂	黄芩
3	ZL201110135330.8	二萜类天然产物作为 SARS 冠状病毒主要蛋白酶抑制剂	鄂西香茶菜
4	ZL200710195754.7	二萜类天然产物作为 SARS 冠状病毒主要蛋白酶抑制剂	鄂西香茶菜
5	ZL200710065119.7	川藏香茶菜丙素作为 SARS 冠状病毒主要蛋白酶抑制剂	川藏香茶菜

上述专利申请均是选取 SARS 冠状病毒中晶体结构已知的主蛋白酶作为靶标，对我国传统中药材或天然植物进行活性成分筛选，通过粗提物分离纯化，体外抑制活性实验，筛选出其中有抑制主蛋白酶活性的单体化合物。

其中，早在 2007 年，研究人员从鱼腥草、野菊花、大青叶、芦根、金银花、连翘、黄芩、知母、川藏香茶菜等多种中药材中筛选，最终得到了 SARS 冠状病毒主蛋白酶的小分子抑制剂川藏香茶菜丙素（见图 3）。抑制活性试验显示，$20\mu mol/L$ 的川藏香茶菜丙素对 SARS 冠状病毒主蛋白酶具有较强的抑制活性。川藏香茶菜丙素有可能成为治疗 SARS 冠状病毒的有效药物（ZL200710065119.7）。

图 3　从川藏香茶菜中发现的小分子抑制剂

此外，研究人员还从巴豆提取物中筛选出了对 SARS 冠状病毒主蛋白酶具有抑制活性的不饱和脂肪酸类单体物质（ZL201010170409.X，见图4）。

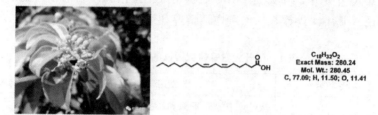

图4　从巴豆中发现的小分子抑制剂

随着研究的进一步深入，以天津国际生物医药联合研究院为申请人，该研究团队针对抗 SARS 冠状病毒感染的天然产物提出了6件专利申请，其中有3件专利申请获得授权，如表2所示。

表2　天津国际生物医药联合研究院等研究团队的专利申请情况

序号	专利号	技术主题	植物来源
1	ZL201110425050.0	五味子乙醇提取物在抗 SARS 冠状病毒感染中的应用	五味子
2	ZL201110415747.X	雷公藤乙醇提取物在抗 SARS 冠状病毒感染中的应用	雷公藤
3	ZL201110414851.7	冬葵子乙醇提取物在抗 SARS 冠状病毒感染中的应用	冬葵子
4	ZL201110413605.X	芦荟大黄素在抗 SARS 冠状病毒感染中的应用	大黄、芦荟
5	ZL201110415538.5	联苯环辛烯型木脂素在抗 SARS 冠状病毒感染中的应用	五味子
6	ZL201110368781.6	环烯醚萜类化合物在抗 SARS 冠状病毒感染中的应用	秦艽

ZL201110414851.7 专利申请文件中记载：实验表明冬葵子（见图5）的95%乙醇提取物对 SARS 冠状病毒主蛋白酶活性的抑制率达到91.8%。

图5　冬葵子

ZL201110415538.5 专利申请文件中记载：五味子乙醇提取物中的联苯环辛烯型木质素类化合物具有抑制 SARS 冠状病毒主蛋白酶活性的作用，其中五味子甲素、五味子乙素（见图6）对 SARS 的冠状病毒主蛋白酶的抑制率分别为92.9%、96.7%。

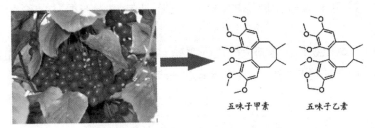

图6　从五味子中发现的小分子抑制剂

ZL201110368781.6专利申请文件中指出从秦艽（又名大叶龙胆）提取的环烯醚萜类化合物（见图7）对 SARS 冠状病毒主蛋白酶都有很好的抑制活性（抑制活性大于95%），有望作为抑制 SARS 冠状病毒的潜在药物分子。

图7　从秦艽中发现的小分子抑制剂

靶蛋白抑制剂在抗新冠病毒研发方面的进展

从上述研究成果不难看出，天然产物，尤其是来源于中药的天然产物是药物小分子化合物的宝库，从这些天然产物中筛选重要病毒或重要疾病相关靶蛋白的抑制剂往往能够获得不错的收获。而以蛋白质结构解析为开端，在结构生物学的研究基础之上，有的放矢地开展天然产物的活性筛选和结构改进是很有前景的研究方向。

自新冠疫情发生以来，我国相关科研攻关正在争分夺秒地展开，药物研发人员加紧筛选潜在有效药物，快速推进科研进展。对于具有抗新冠病毒的天然活性产物的研究也取得了诸多新进展，其中包括揭示了血管紧张素转化酶2（ACE2）蛋白在新冠病毒感染人体过程中的关键作用。2020 年 1 月 30 日，天津国际生物医药联合研究院和南开大学的团队，针对病毒 Spike 蛋白/ACE2 相互作用界面抑制剂进行研究，从成药化合物库（2373 个化合物）和药食同源数据库（5632 个化合物）筛选得到靶向 S 蛋白的潜在抑制剂，观察到多种诸如大枣、黄芪、桔梗、决明子等药食同源的中药中含有抑制病毒与受体结合的潜在活性单体。

2020 年 2 月 20 日，西湖大学周强实验室利用冷冻电镜成功解析出此次新冠病毒受体 ACE2 的全长结构，相信能够进一步推动相关研究速度。

结语

小赢相信，随着科研人员对新冠病毒特点的深入了解，对蛋白结构和功能的进一步解析，结合我国丰富的天然产物宝库，我们必将从中寻找到抗击新冠病毒感染的武器，最终赢得这场抗疫阻击战的胜利。

同时如何在研发过程中更好地进行专利布局、利用专利手段对科研人员的智慧成果进行更好的保护也是值得我们关注的问题。在这方面，以天津国际生物医药联合研究院为例，其不仅在 SARS 冠状病毒主要蛋白酶抑制剂的研发基础上进行了专利申请，其还针对相关的化合物结构改进、提取物以及已知化合物的用途等多个研究方向均进行了专利申请。这样全方位、立体化的专利布局更好地保护了科研人员的研究成果，同时也为我国在抗击新冠病毒研发领域进一步提供了创新驱动力和支撑力。

本文作者：
国家知识产权局专利局
专利审查协作北京中心医药部
王斯婷　杨琳琳　师晓荣

26 精准阻击新冠病毒的临床药用抗体不会太远

小赢说：

　　国内疫情防控已取得了阶段性重要成效，然而国外的疫情形势仍较为严峻，国外政要、明星感染新冠肺炎的消息屡见报端。抗击新冠肺炎疫情任重道远，研发治疗新冠肺炎的药物更是重中之重。那么抗体药能否在临床治疗新冠肺炎中发挥一席之地呢？

　　在国家卫健委发布的新型冠状病毒肺炎诊疗方案中，明确了康复者血浆治疗适用于病情进展较快、重型和危重型患者。在第七版"诊疗方案"中，对于重型、危重型病例又新增了"免疫疗法"，提出对于双肺广泛病变者及重型患者，且实验室监测 IL-6 水平升高者，可试用托珠单抗治疗。无论是血浆疗法，还是免疫疗法，其本质原理都是基于抗原抗体反应（见图1）。抗体无论在冠状病毒的检测、靶向中和冠状病毒，还是抑制部分新冠肺炎病人因细胞风暴而导致的过度炎性反应，均发挥着重要的作用。

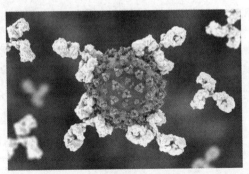

图1　抗体与冠状病毒结合示意[①]

---

　　① 图1来自百度。

从康复患者血浆中分离抗体用于治疗新冠肺炎虽有其可行性，但是来源有限，也无法完全排除传染已知或者未知致病因子的可能性，因此其使用具有一定局限性（见图2）。但对于危重病人而言，血浆疗法仍然是利大于弊的，这也是为什么第六版诊疗方案中进一步强调了血浆治疗的适用范围。有人会问，普通患者能否使用抗体作为治疗剂？制备商品化的靶向新冠病毒的药用抗体是否容易实现？这还是要从抗体的人工合成说起。

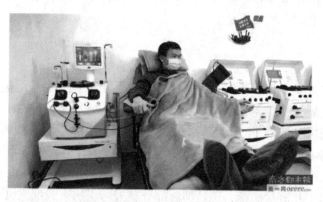

図2　康复者血清治疗新冠肺炎具有一定的局限性①

　　人工抗体的获得从技术发展的角度可分为整体水平抗体生成技术、细胞工程生产抗体技术以及基因工程抗体生成技术。整体水平抗体生成技术一般是指从抗血清中分离抗体。例如，在2003年SARS肆虐的时候，CN200310028116.8专利技术公开由SARS病人恢复期的血浆或者含高效价SARS病毒抗体的健康人的血浆经低温乙醇蛋白分离法提取后经病毒灭活处理制备的人SARS免疫球蛋白，可用于SARS的治疗或预防。但其仍和血清疗法一样在来源、特异性和安全性方面有着一定的限制因素，很少用于临床。细胞工程生产抗体的代表技术是杂交瘤法生产鼠源单克隆抗体。杂交瘤技术使得单克隆抗体大规模培养成为可能，但动物

---

　　①　图片来自于凤凰网：http://www.ifeng.com/。

源抗体应用于人体容易引起不良反应，且容易被人体免疫系统排斥从而影响药效，因此在临床使用中受到极大的限制，大多仅用于冠状病毒的检测。消除人体对抗体的排斥反应的基因工程抗体技术又遵循了人鼠嵌合抗体、人源化抗体、全人源抗体的发展趋势。这三类抗体的不同主要在于合成抗体的基因中人源基因所占的比例。

截至目前，美国 FDA 批准的治疗性抗体药物中，绝大多数都是人源化单抗或全人源单抗，也就是抗体的编码基因的关键部分是人的，或者全都是人的。而目前制备全人源抗体最常用的是噬菌体抗体文库技术和转基因鼠技术，已上市的全人抗体中约 70% 是通过转基因小鼠获得。小赢还听说，由病毒学家 Jay Hooper 领衔的USAMRIID 研究人员，同 SAB 生物治疗药物公司合作培育的第三代转基因牛，已含有完整人免疫球蛋白基因位点（见图 3）。用这套平台生产针对病毒的完全人多克隆抗体，纯化的 IgG 蛋白浓度可达到 22.16mg/ml（US20170233459A1）。这真令人叹为观止。

图 3　可用于产生人源抗体的转基因牛①

接下来我们再来聊聊与冠状病毒相关的药用抗体。针对严重急性呼吸综合征冠状病毒（SARS-CoV），中国疾病预防控制中心病毒病预防控制所的专利ZL03149993.7 涉及 "噬菌体表面展示" 技术筛选人源抗 SARS 病毒中和性基因工程抗体，这是世界上首次获得抗 SARS 的人源基因工程抗体（见图 4）。上海单抗制药技术有限公司以及泰世基因公司的专利 ZL03141520.2 涉及一种治疗性单抗，通过 SARS 康复病人血清构建抗体基因库，通过 SARS 病毒 Spike 蛋白作为诱饵筛选抗体先导物分子，再通过真核表达合成特异性抗体。复旦大学也通过类似方法获得了抗 SARS 病毒人源性抗体 IgG Fab 片段（ZL200510028155.7）。

---

① 图 3 来自于 CNN 官网：https://edition.cnn.com/。

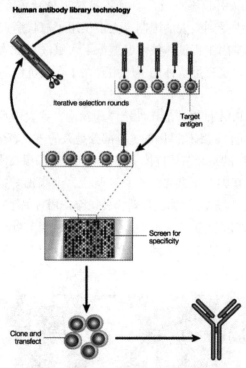

图 4　噬菌体库筛选全人抗体原理示意①

　　针对中东呼吸综合征冠状病毒（MERS-CoV），美国瑞泽恩制药公司使用MERS-CoV 的刺突蛋白免疫 VELOCIMMUNE® 小鼠，获得全人抗体，所获得的抗体可以有效地阻断 MERS-CoV 进入易感细胞并中和感染性（US10406222B2）。复旦大学与美国国立卫生院团队合作，通过噬菌体库技术研制出对 MERS-CoV具有高抑制活性的全人源单克隆抗体（m336），具有极强的病毒中和活性，与MERS 病毒的结合亲和力常数达到"皮摩尔"（picomolar）级别，被媒体报道为"中东呼吸综合征最好的治疗药物之一"。复旦大学进一步对 m336 进行了去岩藻糖基化修饰，修饰后的抗体具有增强的抗体依赖的细胞介导的细胞毒作用（AD-CC），能够裂解表达 MERS-CoV S 蛋白的细胞，展现出了比 m336 更强的病毒中和能力（CN201510525915.9）。而在抗体人源化能够实现之后，进一步的趋势是抗体的小型化和功能化。CN201610962225.4 公开了一种针对 MERS-CoV 的单域重链抗体，其分子量小，免疫原性弱、易于生产制备，依靠工程细胞重组表达就可完成大量制备。

　　现有的对于冠状病毒药用抗体的研究成果让小赢感到振奋，这表明开发出针

---

① 图 4 来自于腾讯网。

对新型冠状病毒的抗体药物是完全可行、可能的。

科学家们基于免疫原性计算工具对新型冠状病毒与其他已知冠状病毒的 S 蛋白进行了空间构象模拟和免疫原性扫描，找到了新冠病毒的中和表位（见图 5）。中和表位可以看作是病毒的软肋，这一发现有望加快新型冠状病毒抗体及疫苗的研发，是药用抗体研发迈出的跨越性一步。

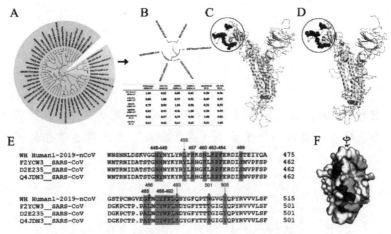

图 5　2019-nCoV S 蛋白免疫原性分析①

小赢还关注到，通过重庆市畜牧科学院 8 只人源抗体小鼠作为平台，研究人员已成功筛选出了多个候选抗体。开放式生物制药技术平台公司药明生物也与美国生物技术公司针对治疗新型冠状病毒肺炎（CoVID-19）的全人单克隆抗体开发和生产达成合作协议并已经取得了一定的进展。这一个接一个的好消息，使我们看到了在新型冠状病毒的研发中，科研人员分秒必争、团结协作。尽管不得不承认的是，从病毒中和性表位的明晰，到制备平台的优化、有效抗体的筛选，再到抗体的临床试验，仍是一个较为漫长的道路，但小赢仍然坚信，在这场没有硝烟的病毒阻击战中，我们一定会取得胜利。精准阻击新冠病毒的临床药用抗体，一定不会太远。

本文作者：

国家知识产权局专利局

专利审查协作北京中心医药部

张丽颖　李煦颖

---

①　图 5 来源于文献："Qiu T, Mao T, Wang Y, et al. Identification of potential cross-protective epitope between 2019-nCoV and SARS virus［J］. Journal of Genetics and Genomics, 2020."

27　多肽药物
——阻断病毒进出细胞的"门将军"

小赢说：

目前针对新冠病毒的药物研发，涉及中药、化药小分子、抗体药等多个方向，而多肽类物质由于分子量小、易于合成，在医药领域也具有广泛应用。今天小赢要跟大家介绍多肽类抗病毒药物。

引言

多肽是一类氨基酸组成的生物小分子物质，具有活性高、副作用小的特点，是一种良好的医药候选物质，被广泛应用于免疫调节、抗病毒感染等领域。抗病毒感染的多肽药物中比较著名的有：罗氏制药生产的 2003 年被美国 FDA 批准上市用于治疗艾滋病的恩夫韦肽（US5464933A）；以及我国前沿生物药业（南京）股份有限公司研发的抗艾滋病新药艾博卫泰（ZL03816434.5）。

说到多肽药物抗病毒感染的机理，那还要先从病毒感染的过程讲起。病毒能引起人体疾病，需要满足两个条件：第一是进入人体细胞，第二是达到一定数量。病毒通常包括外壳和遗传物质。其中遗传物质（核糖核酸 RNA 或脱氧核糖核酸 DNA）可以理解为使病毒在细胞内不断复制的"说明书"。所以，病毒感染的关键步骤是：①利用外壳攻破人体细胞膜；②在细胞内释放遗传物质；③利用人体细胞内的物质和营养，根据"病毒组装说明书"不断复制病毒；④将复制的病毒再从细胞释放出去感染更多的细胞。如果不加遏制，上述过程不断循环，人体的正常细胞将被大量破坏，导致器官功能紊乱或丧失，或者免疫系统出现过度反应进而引起疾病。

了解了病毒感染的原理后，您是否也能概括出抗击病毒的思路？简单说起来只有一句话：要么让病毒"进不去"，要么让病毒"出不来"！

多肽药物如何让病毒 "进不去"？

冠状病毒表面有一种特殊的蛋白结构——S蛋白，该蛋白介导了病毒感染目的细胞的过程。在与人体中的目的细胞接触后，S蛋白中病毒多肽1和病毒多肽2能够形成 "六螺旋束"，像一把 "钥匙" 将细胞膜打开（见图1）

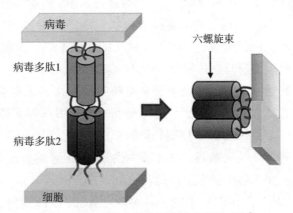

图1 冠状病毒S蛋白形成 "六螺旋束"①

因此，如果通过合成与病毒多肽1或病毒多肽2相似的多肽，伪装成病毒本身的多肽，竞争性地参与到 "六螺旋束" 的形成过程中，使 "六螺旋束" 变形，病毒就不能产生正确的 "钥匙"（见图2）。

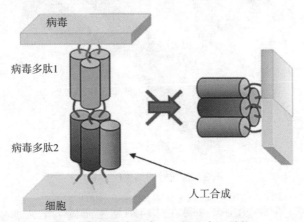

图2 抑制形成正确 "六螺旋束" 结构

---

① PESSI A. Cholesterol-conjugated peptide antivirals: a path to a rapid response to emerging viral diseases [J]. Journal of Peptide Science, 2015, 21: 379-386.

通过对专利文献的分析，小赢发现，对 SARS 病毒伪装多肽的研究，我国科学家已经取得了一些可喜的成果，包括：

·中国科学院微生物研究所和武汉大学的专利（ZL03136220.6），在 2003 年公开了一种衍生于病毒多肽 2 的多肽，在较低浓度下即可抑制 SARS 病毒感染细胞。

·香港大学的专利（ZL200510131580.9）在 2012 年公开了衍生于病毒多肽 1 的多肽，其可抑制形成"六螺旋束"，进而抑制 SARS 病毒的感染。

·2016 年，复旦大学通过比对多种人冠状病毒的病毒多肽 1 和病毒多肽 2，基于相关晶体结构，设计出衍生于病毒多肽 2 的多肽 EK1，对包括 SARS 病毒在内的多种人类冠状病毒有抑制作用（CN201610070216.4）。

研究证明，其他一些对人体健康带来威胁的病毒，如艾滋病毒、流感病毒、埃博拉病毒，都有类似的感染机制。前文提到的恩夫韦肽和艾博卫泰两种药物，也都是利用"伪装多肽"发挥了抑制病毒的作用。

除了通过伪装多肽扰乱病毒"六螺旋束"这把钥匙的方法外，科学家们还想到另一种方法：在人体细胞上加一把"锁"。

有研究报道称①，人体细胞中的一种名叫"ACE2"的蛋白，只要合成该蛋白中的多肽片段，就能够误导并消耗 SARS 病毒有限的"钥匙"，相当于给人体细胞加了一把"锁"，从而抑制 SARS 病毒感染（见图 3）。

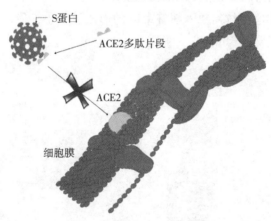

图 3　合成保护细胞的"锁"

根据麻省理工学院 2020 年 3 月在"Biorxiv 生命科学论文预印本"网站上发

① HAN D P, PENN-NICHOLSON A, Cho M W. Identification of critical determinants on ACE2 for SARS-CoV entry and development of a potent entry inhibitor［J］. Virology, 2006, 350（1）：15-25.

表的研究结果①显示，新冠病毒也是利用 ACE2 蛋白进入人体细胞的，同时也公布了关于抑制新冠病毒的多肽药物的研究进展，让我们看到了为新冠病毒的入侵加"锁"的潜力。

现实情况中，总有漏网病毒进入细胞。那么如何能让复制后的病毒"出不来"呢？这就是多肽药物能够提供的第二个"大招"。

多肽药物如何让病毒"出不来"？

前面我们已经说过，病毒中的遗传物质（核糖核酸 RNA 或脱氧核糖核酸 DNA）是病毒在细胞内不断复制的"说明书"。按照这个"说明书"，完成病毒的复制需要经过基因转录、翻译（将遗传"密码"翻译成蛋白）、蛋白的剪切、组装、稳定等步骤，才能实现。因此，只要针对其中至少一个步骤进行破坏，就能够打断病毒的复制，从而让病毒"出不来"。对于上述每个步骤，目前科学家们都在努力研发相应的多肽药物，实现对病毒的防御。目前通过专利信息分析，小赢观察到的研究进展主要包括：

· 对于流感病毒，法国国家医学院公开了一种蛋白，可以结合 RNA 聚合酶，抑制病毒的基因转录（WO2016009044A1）。中国科学院生物物理研究所公开的另一种源自流感病毒聚合酶亚基的多肽，可以竞争性地结合病毒聚合酶结合 RNA 的位点，进而影响病毒的基因转录（ZL201210158011.3）。

· 辉瑞公司公开了一种肽，可以抑制病毒蛋白酶的活性，阻止对某病毒蛋白的剪切（US6531452B1）。

· 美国国立卫生研究院公开了一种多肽，从翻译环节入手，可以干扰某病毒使用人体细胞的 tRNA（一种搬运氨基酸的元件），进而阻止合成病毒蛋白的合成（US20110098215A1）。

· 武汉大学公开了一种多肽，从 RNA 的稳定性入手破坏病毒的复制，抑制形成冠状病毒 RNA 的保护结构，使其 RNA 更易于被降解（CN201210181967.5）。

· PANACOS 制药公司公开了一种 HIV 病毒蛋白元件的变体多肽（US20040265320A1），可以参与 HIV 病毒的组装过程中，使组装后的病毒无法形成正常的结构，进而抑制正常病毒的形成。

---

① ZHANG G, POMPLUN S, LOFTIS A R, et al. The first-in-class peptide binder to the SARS-CoV-2 spike protein [J/OL]. BioRxiv, 2020-03-19.

结语

看完这些研究，是不是对病毒治疗有了更多的信心？相信在这些研究的基础上，针对新冠病毒的多肽药物有望在不久的将来出现。多肽药物属于生物药，生物药具有高附加值的特点。最近几年，国内外对于生物药的研发热情高涨，相应的专利数量也呈现爆发式增长，总体而言国外制药公司的生物药竞争优势更为明显。但是在抗病毒的多肽类生物药领域，在药物产出方面，国内外竞争差距并不大，目前也仅有数量不多的几种上市药，如前面提到的恩夫韦肽和艾博卫泰。在药物研发的前期阶段，国内科研机构也多有建树，如上文提到的中国科学院生物物理研究所、武汉大学、复旦大学、香港大学。可见，我国在该领域具有一定的后发优势。国内制药企业和科研机构应当抓住优势，尽早推进有治疗前景的抗病毒多肽药物的临床研究，同时在研发阶段，发展自有知识产权的多肽药物筛选的关键平台技术是把握主动优势的重中之重。只有拥有自己的核心研发平台才能提供源源不断的创新动力。

本文作者：
国家知识产权局专利局
专利审查协作北京中心医药部
陈彦闯 李煦颖

28 干细胞疗法
——重症新冠肺炎患者的希望

小赢说：

急性呼吸窘迫综合征（ARDS）是新冠肺炎重症患者的临床表现之一，这也是呼吸机目前在全球供不应求的原因。然而呼吸机只能"治标"，目前尚缺乏有效"治本"的手段。干细胞疗法作为一种新兴医疗技术，有望成为对新冠肺炎引发的 ARDS"治本"的方法。小赢今天就带您了解一下这个新方法的应用前景。

世界卫生组织（WHO）发布的《新冠肺炎临床管理指南》中指出：ARDS 是新冠肺炎重症患者的临床表现之一。[1] 目前，在尚无明确的新冠肺炎特效药的情况下，有效缓解 ARDS 的临床症状是实现对重症患者科学精准救治的重要手段。

要治疗 ARDS，首先要了解形成 ARDS 的病因

免疫系统是身体的防线，通常病毒都会在免疫系统的防御工事中铩羽而归。然而，当病毒突破防线后，免疫系统会发动更大规模的反击，甚至能被激活到极限以至失去控制。这时，包括 TNF-α、IL-1、IL-6、IL-12、IFN-α、INF-β 在内的细胞因子将大量出现在血液中，引起极为强烈的炎症反应，以杀死被病毒感染的细胞。医学上将此现象形象地称为"细胞因子风暴"（见图1）。

图1　细胞因子风暴示意①

---

① 图片来源：果壳网 www.guokr.com。

通俗的说，这是一种"杀敌一万，自损八千"的作战方式。具体到新冠病毒感染的重点器官——肺部，如果病毒感染严重，免疫系统可能被过度激活，产生的细胞因子风暴会引发肺部强烈的炎症反应。除了感染了病毒的肺器官细胞，未被感染的正常的肺器官细胞也会在大量细胞因子引起的炎症反应中死亡，肺的正常换气功能将受到极大的削弱，从而引发 ARDS。ARDS 会引发多种并发症，甚至会因呼吸衰竭导致死亡（见图2）。

今天，我们探讨用干细胞疗法治疗 ARDS 的可行性。这种疗法主要采用间充质干细胞，它的免疫源性低，使用时不需配型；来源广泛，从骨髓、脂肪、脐带、胎盘等多种组织中都能获得。它在体内主要发挥以下两方面的作用：

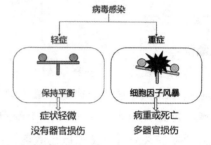

图2　细胞因子风暴引发病重或死亡示意①

（1）调节免疫反应，抑制过度激活的免疫系统，降低组织细胞的损伤。

（2）分泌营养因子，降低炎症反应或感染引起的细胞的死亡。

目前，已上市的间充质干细胞产品主要用于抑制免疫系统过度激活引发的移植物抗宿主病或自身免疫病。

为战"疫"助力——干细胞疗法专利技术梳理

全球绝大多数生物医药相关的科研成果均以专利文献的形式首发。因此可以通过对专利信息的分析，进一步探讨干细胞疗法对于新冠肺炎重症患者的治疗可能性。

经过小赢在专利文献库中检索发现：最早提出用干细胞疗法治疗肺部疾病的专利申请出现在 2000 年，在中国则是到 2005 年才出现相关专利申请。随着干细胞技术不断发展，国内外相关专利申请量一直呈现增长趋势。2017 年后我国连续出台了多项引导干细胞产业发展的鼓励政策，在此推动之下，国内干细胞技术的发展进入加速期，专利申请量也呈现赶超国外的趋势（见图3）。通过对近年来专利文献的分析梳理，小赢进一步发现：干细胞疗法修复肺损伤和治疗 ARDS，都是围绕间充质干细胞的两大功能展开的，即降低免疫炎症反应和降低损伤细胞死亡。针对小赢认为有代表性的专利技术，具体分析如下。

---

① 图片来源：果壳网 www.guokr.com。

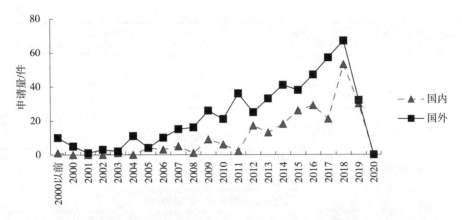

图 3　干细胞疗法治疗 ARDS 以及其他肺部疾病相关专利申请趋势图

· 在美国上市的 Athersys 公司研发的干细胞产品 MultiStem®，其原始专利申请 WO2007056578A1 指出该产品对多种炎性疾病具有治疗潜力。该产品是目前唯一获得美国 FDA 快速通道指定的 ARDS 的疗法产品，因此被认为与新冠肺炎的治疗高度相关。该产品的适应症还包括中风和赫尔勒综合征。

· 美国 Osiris 公司的干细胞产品 Prochymal®，其原始专利申请 US20050239897A1 中公开了其在治疗肺纤维化疾病的有益效果。

· 美国 Anthrogenesis 公司的专利申请 WO2010060031A1 采用胎盘来源的干细胞用于包括 ARDS 在内的多种肺组织疾病的治疗。

· 美国印第安纳大学的专利申请 WO2010123942A1，公开了来源于脂肪的间充质干细胞用于肺损伤疾病的治疗，且其分泌到细胞外的因子可能具有促进肺泡上皮细胞（肺组织中负责气体交换的细胞）存活的作用。

除了上述与干细胞治疗肺部炎症直接相关的专利申请外，其周边的专利申请中所公开的新技术也值得关注。这包括：①利用干细胞本身或其合成/分泌的多种营养因子治疗肺损伤；②特定表型或基因修饰干细胞治疗肺疾病；③将干细胞直接递送到肺部的设备。

小赢总结了干细胞疗法用于修复肺部损伤及治疗 ARDS 的代表性专利申请，如表 1 所示。

表 1　干细胞疗法用于修复肺部损伤及治疗 ARDS 的代表性专利申请

专利号或专利公告号	申请人	技术要点
干细胞对于肺部炎症的治疗		
WO2007056578A1	美国 Athersys 公司	骨髓来源的间充质干细胞（MAPCs）用于多种炎性疾病的治疗

专利号或专利公告号	申请人	技术要点
US20050239897A1	美国 Osiris 公司	骨髓来源的间充质干细胞用于肺纤维化的治疗
WO2012125471A1	儿童医学中心公司	间充质干细胞外泌体用于低氧诱导的肺部炎症的治疗
CN201210431720.4	上海市肺科医院	过表达促血管生成素的间充质干细胞改善肺部炎症反应和肺水肿
CN201810635890.1	中国科学院遗传与发育生物学研究所	脐带间充质干细胞治疗肺部炎症和肺纤维化
干细胞及其外泌体治疗肺损伤		
WO2010060031A1	美国 Anthrogenesis 公司	胎盘来源的干细胞用于多种肺组织疾病的治疗
WO2010123942A1	美国印第安纳大学	脂肪间充质干细胞或其分泌物用于肺损伤疾病的治疗
WO2005113748A1	美国明尼苏达大学董事会	MAPCs 分化为肺泡II型上皮细胞用于肺组织修复
WO2015023720A1	美国耶鲁大学	人间充质细胞分化为肺上皮细胞用于肺损伤的治疗
WO2017179840A1	社会福祉法人三星生命公益财团	用凝血酶处理干细胞的外泌体用于慢性肺病的治疗
特定表型或基因修饰干细胞治疗肺疾病		
WO2014160157A1	美国 Autoimmune 公司	病原体特异性抗体修饰的间充质干细胞用于抗病毒的治疗
CN201210009812.3	中国人民解放军军事医学科学院放射与辐射医学研究所	HGF 修饰的间充质干细胞降低肺纤维化进展
WO2018025973A1	日本国立大学法人名古屋大学 等	Muse 细胞（SSEA-3 和 CD105 阳性的间充质干细胞）用于治疗慢性肺疾病
WO2018023170A1	澳大利亚哈德逊医学研究所 等	表达松弛素等药物的羊膜上皮细胞或其外泌体用于气道疾病的治疗
CN201811262285.0	广州呼吸健康研究院	利用 IL10 修饰的间充质干细胞治疗 ARDS，使得间充质干细胞对 ARDS 的治疗更有针对性，增强间充质干细胞的临床治疗效果
干细胞的肺部递送设备		
WO2018083703A1	以色列泰克年研究发展基金会公司	用于肺部药物递送的泡沫及其制备方法和设备
CN201810327710.3	上海市东方医院	支气管干细胞精准定位缓释系统

由此可见，干细胞疗法在肺损伤修复以及 ARDS 治疗方面具有很大潜力。这

些专利的开发必将为干细胞疗法应用于治疗重型新冠肺炎，遏制重症患者的病情进展、降低患者的死亡率提供技术支持。

干细胞疗法战"疫"前景可期

从疫情暴发到现在，间充质干细胞因其独有的治疗效果成为各方关注的焦点，抗疫专家们在各种场合发声推进干细胞疗法，国内数家医疗机构纷纷启动了干细胞治疗新冠肺炎的相关研究，全国先后有 22 家医疗机构按照《干细胞临床研究管理办法（试行）》要求在中国临床试验注册中心提交了 23 项干细胞治疗新冠肺炎临床研究备案申请。截至目前，根据 ClinicalTrials. gov 网站检索结果显示，有 36 项涉及干细胞疗法治疗新冠病毒的临床研究项目，其中 13 项为中国医疗机构提交的申请。

小赢总结了 2020 年国内外有关干细胞疗法用于重症新冠肺炎治疗的报道和临床研究，如表 2 所示。

表 2　2020 年有关干细胞疗法用于重症新冠肺炎治疗的报道和临床研究

信息发布	时间	临床研究
	1 月 27 日	浙大医学院附一院宣布，已准备用干细胞治疗重症患者
	1 月 29 日	湖北省科技厅同意武汉大学中南医院《干细胞治疗新型冠状病毒所致重症及危重症肺炎的临床研究》项目立项
	2 月 1 日	《间充质干细胞治疗冠状病毒引起的重症肺炎有效性临床研究》获得了河南省科技厅的立项
李兰娟院士在接受 CCTV-1 采访时指出，干细胞在前期浙江的几例患者治疗中"非常有效"	2 月 3 日	
科技部生物中心副主任孙燕荣在卫健委召开的新闻发布会上表示：积极推进干细胞在重症治疗方面的临床疗效的研究探索	2 月 4 日	

信息发布	时间	临床研究
	2月5日	解放军302医院王福生院士牵头的《间充质干细胞治疗2019年新型冠状病毒感染的肺炎患者的安全性和有效性》的临床研究在ClinicalTrials上注册登记
科技部生物中心主任张新民在新闻发布会上表示：目前已经开展干细胞救治新冠肺炎重症患者的临床研究，并且显示治疗技术安全有效	2月15日	
科技部副部长徐南平在新闻发布会上介绍，已有4例接受干细胞治疗的新冠肺炎重型患者出院，将进一步扩大临床试验	2月21日	
	2月23日	《人脐带间充质干细胞治疗重症新冠病毒（2019-nCoV）肺炎致急性呼吸窘迫综合征》纳入江西省第二批新型冠状病毒感染的肺炎疫情应急科技攻关项目
湖南省娄底市中心医院首次在危重新冠肺炎患者身上输注脐带间充质干细胞进行治疗，两位危重患者的肺部炎症、肝功能都出现了不同程度的好转	2月24日	
	3月1日	Aging and Disease 杂志发表封面论文：上海大学赵春华教授团队领衔，国内外20家科研单位参与，在7名新冠肺炎患者中进行临床试验，发现间充质干细胞移植疗法能迅速、显著改善重症及危重症患者的预后，有效规避细胞因子风暴，且无明显副作用
为进一步提升干细胞救治新冠肺炎临床研究项目的科学性和规范性、协调优势资源、救治（危）重症患者，中国细胞生物学学会干细胞生物学分会和中华医学会感染病学分会联合发布《干细胞治疗新型冠状病毒肺炎（CoVID-19）临床研究与应用专家指导意见》	3月10日	

信息发布	时间	临床研究
美国生物医学高级研究与开发局（BAR-DA）将美国 Athersys 公司的间充质干细胞治疗产品 MultiStem® 评价为与治疗 Co-VID-19 高度相关的疗法，MultiStem® 是目前唯一一项获得美国 FDA 快速通道指定的急性呼吸窘迫综合征的疗法	3月20日	
美国 Citius 制药公司与 Novellus 合作开发新型干细胞治疗 CoVID-19	4月16日	

以上报道的发布以及数个临床研究项目的立项已经释放了明确的信号，我国对干细胞疗法用于新冠肺炎的治疗充满了期待，并着重开展干细胞疗法在重症救治方面的临床研究。从我国目前公布的临床研究数据可以看出，干细胞疗法可以有效降低新冠病毒在患者体内引发的剧烈炎症反应，减少肺损伤、改善肺功能，对肺部进行保护和修复，对减轻患者的肺纤维化具有积极作用。同时，干细胞疗法对于防止肺纤维化、改善患者远期预后具有独特的优势。[2]

虽然目前仅有少数重症患者的临床案例，但随着相关研究的广泛开展以及研究成果的不断发表，让我们更有理由期待干细胞疗法将为新冠肺炎重症患者的治疗方案提供新的支持。

最后，小赢还想强调一点，干细胞治疗产品必须严格按药品评审程序进行注册和监管，获得批准后才能予以上市。因此，干细胞疗法最终能否获批用于重症新冠肺炎的治疗，仍然需要经历严谨的科学求证过程。让我们拭目以待。

参考文献

［1］ World health organiazation. Clinical management of COVID-19—Interim guidance：Interim guidance ［EB/OL］. ［2020-05-27］. https://www. who. int/publications-detail/clinical-management-of-severe-acute-respiratory-infection-when-novel-coro-navirus-(ncov)-infection-is-suspected

［2］ Leng，Z. Transplantation of ACE2- Mesenchymal Stem Cells Improves the Outcome of Patients with COVID-19 Pneumonia ［J］. Aging and disease，2020，11（2）：216-228.

本文作者：
国家知识产权局专利局
专利审查协作北京中心 医药部
陈莹　韩津